普通高等教育"十二五"规划教材（高职高专教育）

中文版Flash CS6 动画制作项目教程

主　编　陈桂珍　刁玉琦

副主编　密君英　密海英

编　写　许　静　唐丽丽

主　审　张云苑

中国电力出版社

CHINA ELECTRIC POWER PRESS

内 容 提 要

本书为普通高等教育"十二五"规划教材（高职高专教育）。Flash是目前应用最广泛的动画制作软件之一。本书采用项目教学方式，通过大量案例全面介绍了Flash CS6的功能和应用技巧。全书共分8个项目，项目1主要介绍Flash 动画制作入门；项目2、项目3介绍了在Flash CS6中绘制、填充和编辑图形，以及创建和美化文本的方法；项目4、项目5介绍了Flash中帧、图层和元件的相关知识，以及创建逐帧动画、传统补间动画、基于对象的补间动画和形状补间动画的方法及技巧；项目6介绍了引导动画、遮罩动画、3D效果动画和骨骼动画的创建方法；项目7介绍了在Flash中应用外部素材的方法和多媒体效果动画制作，项目8为制作ActionScript动作脚本的交互式电子简历，并将前面几个项目的应用实例串联起来。每一个项目后面都列举了一些具有代表性的实训项目案例，通过理论联系实际，希望读者能举一反三，学以致用，进一步巩固前面所学的知识。本书配有教学光盘，提供完整的素材、课件和课后练习。

本书可作为高等职业技术学院、高等专科学校、成人高校及本科院校中的二级职业技术学院计算机相关专业的教材，也可作为Flash动画制作的培训教材或自学参考书。

图书在版编目（CIP）数据

中文版 Flash CS6 动画制作项目教程/陈桂珍，刁玉琦主编. —北京：中国电力出版社，2013.12（2019.10 重印）
普通高等教育"十二五"规划教材. 高职高专教育
ISBN 978-7-5123-5182-0

Ⅰ. ①中… Ⅱ. ①陈… ②刁… Ⅲ. ①动画制作软件－高等职业教育－教材 Ⅳ. ①TP391.41

中国版本图书馆 CIP 数据核字（2013）第 268758 号

中国电力出版社出版、发行

（北京市东城区北京站西街 19 号 100005 http://www.cepp.sgcc.com.cn）
北京雁林吉兆印刷有限公司印刷
各地新华书店经售

*

2013 年 12 月第一版 2019 年 10 月北京第五次印刷
787 毫米×1092 毫米 16 开本 15.75 印张 382 千字
定价 **34.00** 元（含 1CD）

前　言

一、教材特色

Flash 动画课程是高职院校计算机应用、动漫游戏、多媒体等专业的核心课程。本书主要介绍了 Flash CS6 的基本知识和基本行业应用。

本书特色之一是易教易学，以任务为驱动以练带学。本书选取市场上最普遍、最易掌握的应用软件的中文版本，突出"易教学，上手快"的特点，让学生在实施项目任务的过程中有兴趣学习，轻松掌握相关技能。

特色之二是从零开始，结构清晰，内容丰富，以就业为目标，从传统偏重知识的传授转为培养学生的实际操作技能，满足社会实际就业需要。本书以培养计算机技能型人才为目的，采用"项目案例训练＋知识进阶"的编写模式，循序渐进、由浅入深。内容系统、全面，难点分散，将知识点融入到每个实例中，便于读者学习掌握。

本书特色之三是附带教学光盘，提供完整的素材、适应教学要求的课件和课后练习，方便学习与教学。完整的素材可以帮助学生根据书中内容进行上机练习。适应教学要求的课件可以减轻教师教学的负担。以就业为导向，以培养实用型人才为目标，注重实践，实现理论与实践的有机结合，每一个项目后面都列举了一些具有代表性的实训项目案例。

二、编写方法

本教材采用项目案例教学法，以介绍 Flash 动画制作的实际操作技术和技巧为主线，按照循序渐进的规律逐步展开。这种编排将传递给学生这样的一种理念——教材中介绍的都是非常实用的知识、十分有效的方法，可以应用它们解决许多实际问题。

考虑到高职教育的特点，在教材编写中，尽量避免抽象地介绍理论、原理和功能的模式，而是把有关教学内容自然融入到项目任务的操作过程中，强调技能性和实用性。每个项目的最后，都安排了一定的实践和理论练习，目的在于弄清基本概念，提高学生的实践动手能力。

三、主要内容

本书共分 8 个项目。各项目的内容安排如下。

项目 1：Flash 动画制作入门，主要介绍有关 Flash 的特点和应用领域等相关知识，并带领大家认识全新的 Flash CS6 工作界面，了解简单动画的制作过程。

项目 2：绘制与填充图形，主要介绍有关 Flash CS6 中的绘画、着色工具及选择和调整工具，并运用这些工具完成场景的绘制。

项目 3：编辑图形与创建文本，主要通过图形的绘制和编辑，熟悉 Flash CS6 中的选择变换工具和绘图调整工具的使用，掌握选择、移动、复制、排列、对齐、组合对象的操作技巧，熟练掌握变形类工具和"变形"面板的使用技巧，以及"修改"菜单命令的使用和文本、位图对象的处理转换。

项目 4：动画制作基础，主要介绍 Flash CS6 中元件与实例的相关概念，元件与实例的基本操作，以及"库"面板与时间轴的基本使用方法。

项目 5：简单动画制作，主要介绍逐帧动画、补间形状动画、传统补间动画、补间动画等基本动画制作方法。

项目 6：复杂动画制作，主要介绍 flash 中引导动画、遮罩动画、3D 效果动画和骨骼动画的制作方法。

项目 7：多媒体效果动画制作，主要介绍在 flash 中导入图片、声音、视频，以及按钮元件的使用，动画的导出、发布等内容。

项目 8："电子简历"制作，通过制作 ActionScript 动作脚本的交互式电子简历，将前面几个项目的应用实例串联起来，综合运用。

四、读者对象

本书可作为高等职业技术学院、高等专科学校、成人高校、本科院校举办的二级职业技术学院计算机相关专业的教材，也可作为 Flash 动画制作的培训教材或自学参考书。

五、教学安排建议

建议安排 60 学时左右，其中理论和实践教学环节各占 50%，有条件的院校可考虑在课程学习结束后，再安排 20 学时的课程设计或实训，布置学生独立完成一些动画设计和媒体设计项目。

六、编写人员

本书由苏州农业职业技术学院陈桂珍、刁玉琦主编，苏州农业职业技术学院密君英、苏州工业职业技术学院的密海英为副主编，参与本书编写的还有苏州农业职业技术学院的许静、唐丽丽。本书由苏州工艺美术职业技术学院的张云苑主审。

在本书的编写过程中，得到了苏州工艺美术职业技术学院、苏州工业职业技术学院、苏州职业大学的领导和同行的鼓励、帮助和支持，尤其张云苑老师对本书提出了很多中肯意见，在此表示衷心的感谢。

限于编者水平，书中难免存在一些不足之处，恳请读者指正。意见请反馈至 szchen1728@163.com。

编　者

2013 年 9 月

目　　录

项目1　Flash 动画制作入门

📖 项目描述

本项目主要介绍 Flash 的特点和应用领域等相关知识，并引领读者认识全新的 Flash CS6 工作界面，了解简单动画的制作过程。

👤 项目目标

通过本项目的学习，读者可以对 Flash CS6 有一个基本的了解和认识，熟悉 Flash CS6 的工作界面，了解 Flash 动画的制作原理和相关概念，掌握 Flash 文档的基本操作和缩放舞台、使用辅助工具的方法。

任务1　初识 Flash CS6

一、任务说明

本任务主要带领大家了解 Flash 的产生与发展、Flash 的应用领域、Flash CS6 的新增功能、Flash 动画的制作原理、Flash 动画的特点和创作流程等相关知识，认识全新的 Flash CS6，熟悉和自定义 Flash CS6 的工作界面。

二、任务实施

1. 启动 Flash CS6

完成 Flash CS6 的安装后会自动在 Windows 程序组中添加一个 Flash CS6 的快捷方式，可以通过该快捷方式启动 Flash CS6，具体步骤如下。

（1）执行"开始"→"所有程序"→Adobe→Flash Professional CS6 命令，即显示 Flash CS6 的启动界面，如图 1-1 所示。

图 1-1　Flash CS6 的启动界面

（2）等待 Flash CS6 软件初始化完成后即可进入 Flash CS6 欢迎界面，如图 1-2 所示。通过欢迎界面，可以快速创建各种类型的 Flash 文档、打开最近打开过的 Flash 文档或者访问相关的 Flash 资源。单击"新建"下的 ActionScript 3.0 或 ActionScript 2.0 命令即可进入 Flash CS6 的工作界面。ActionScript 是 Flash 自带的编程语言，其后的数字为版本号，根据需要进行选择，制作简单的动画可以选择 ActionScript 2.0 命令。

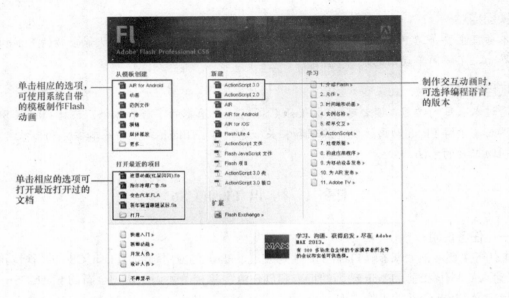

图 1-2　Flash CS6 欢迎界面

 提　示

　　若勾选"欢迎界面"中的"不再显示"复选框，将弹出提示对话框。单击"确定"按钮，则下次重新启动 Flash CS6 时将不再显示欢迎界面。如果希望再次显示 Flash CS6 的欢迎界面，则可以执行"编辑"→"首选参数"命令，弹出"首选参数"对话框，在"启动时"下拉列表中选择"欢迎屏幕"选项，单击"确定"按钮，即可在启动 Flash CS6 时显示欢迎界面。

2．熟悉 Flash CS6 工作界面

　　Flash 在每次版本升级时都会对界面进行优化，以提高设计人员的工作效率。与 Flash CS5 相比，Flash CS6 的工作区并没有特别大的变化，但还是有许多改进。图像处理区域更加开阔，文档的切换也变得更加快捷，工作界面更具亲和力，使用也更加方便。启动 Flash CS6 软件，其工作界面显示如图 1-3 所示。

　　（1）菜单栏。Flash CS6 工作界面顶部的菜单栏中包含了用于控制 Flash 功能的所有菜单命令，共包含了"文件"、"编辑"、"视图"、"插入"、"修改"、"文本"、"命令"、"控制"、"调试"、"窗口"和"帮助"11 种功能的菜单命令，如图 1-4 所示。例如在"编辑"菜单中提供了多种作用于舞台中各种元素的"复制"、"粘贴"、"剪切"等命令，另外还提供了"首选参数"、"自定义工具面板"、"字体映射"及"快捷键"的设置命令。在"控制"菜单中可以选择"测试影片"或"测试场景"等，如图 1-5 所示。要执行某项功能，可首先在菜单栏中单击主菜单名，打开其下拉菜单，然后继续单击选择某菜单命令即可。如果某菜单项后有快捷键提示，则可按下此快捷键执行该命令，如果菜单项后有 ▶ 符号，说明该菜单下还有子菜单可供选择。

图 1-3　Flash CS6 的工作界面

图 1-4　菜单栏

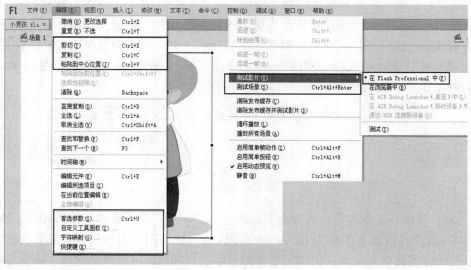

图 1-5　"编辑"、"控制"菜单

（2）工作区预设。Flash CS6 提供了多种软件工作区预设。在该选项的下拉列表中可以选择相应的工作区预设模式，默认为"基本功能"，如图 1-6 所示。选择不同的选项，即可将 Flash CS6 的工作区更改为所选择的工作区预设。

（3）"文档窗口"选项卡。在 Flash CS6 中可以同时打开或编辑多个文档。在"文档窗口"选项卡中可显示文档名称，每个 Flash 文档都在一个独立的文档窗口中，以选项卡的形式排列在 Flash CS6 的工作区中，单击相应的文档名称，即可将该文档窗口设置为当前操作窗口，如图 1-7 所示。当用户对文档进行修改而未保存时，则会显示"*"号作为标记。

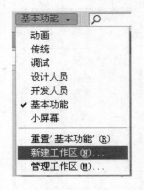

图 1-6 "工作区预设"下拉列表　　　　图 1-7 "文档窗口"选项卡

选择一个文档窗口的标题栏，按住鼠标左键从选项卡中拖出，该窗口便可成为任意移动位置的浮动窗口。当然，在浮动窗口的标题栏上按住鼠标左键，拖动亦可重新组合。另外，按住鼠标左键，拖动文档的标题栏，还可以调整它在选项卡中的顺序。如果需要关闭单个文档，可以单击该窗口选项卡的"关闭"按钮，即可关闭当前文档。

（4）搜索框。该选项提供了对 Flash 中功能选项的搜索功能，在该文本框中输入需要搜索的内容，再按 Enter 键即可。

（5）编辑栏。编辑栏左侧显示当前"场景"或"元件"。单击右侧的"编辑场景"和"编辑元件"按钮，可在弹出的菜单中选择要编辑的场景或元件，如图 1-8 所示。另外，利用编辑栏最右侧的显示比例下拉按钮可以调整视图的显示比例。如果希望在 Flash 工作界面中设置显示/隐藏该栏，则可以执行"窗口"→"工具栏"→"编辑栏"命令，即可在 Flash CS6 工作界面中设置显示/隐藏该栏。

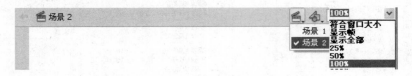

图 1-8 编辑栏

（6）舞台。Flash 工作界面中的舞台即动画显示的区域，用于编辑和修改动画。舞台是用户在创建 Flash 文件时放置图形内容的一块矩形区域，这些图形内容包括矢量插图、文本框、按钮、导入的位图或者视频等。如果需要在舞台中定位项目，可以借助网格、辅助线和标尺。

（7）"时间轴"面板。"时间轴"面板是 Flash CS6 工作界面中的浮动面板之一，也是 Flash 动画制作中使用最为频繁的面板之一。因此，可以说"时间轴"面板是动画的灵魂。只有熟悉了"时间轴"面板的操作使用方法，才能够在制作 Flash 动画时得心应手。

时间轴用于组织和控制文档内容在一定时间内播放的图层数和帧数。与胶片一样，Flash 文件也将时长分为帧。图层就像是堆叠在一起的多张幻灯片，每个图层都包含一个显示在舞台中的不同图像，用户可以在图层上绘制和编辑对象，而不会影响其他图层上的对象。如果一个图层上没有内容，那么就可以透过它看到下面的图层。时间轴的主要组件就是图层、帧和播放头，如图 1-9 所示为 Flash 动画的"时间轴"面板。

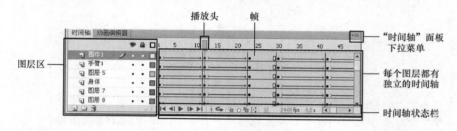

图 1-9　"时间轴"面板

　　文档中的图层列在"时间轴"面板的左侧，每个图层中包含的帧显示在该图层名右侧的一行中。"时间轴"面板顶部的时间轴标题指示帧编号，播放头指示当前在舞台中显示的帧。播放 Flash 文件时，播放头从左向右通过时间轴。时间轴状态显示在"时间轴"面板的底部，

可以显示当前帧频、帧速率，以及到当前帧为止的运行时间。如果需要更改时间轴中的帧显示，可以单击"时间轴"面板右上角的下三角形按钮，在弹出的"时间轴"面板的下拉菜单中进行选择。

　　（8）工具箱。在 Flash CS6 的工具箱中提供了 Flash 中所有的操作工具，如"笔触颜色"和"填充颜色"，以及工具的相应设置选项。通过这些工具可以在 Flash 中进行绘图、调整等相应的操作，实现不同的效果。Flash CS6 的默认工具箱如图 1-10 所示。由于工具太多，一些工具被隐藏起来。在工具箱中，如果工具按钮右下角含有黑色三角图标，则表示该工具是一个工具组，其中含有其他隐藏工具。要想选择隐藏工具，可在该工具按钮上按下鼠标左键，当工具组显示后选择已显示的相应工具松开左键即可。将光标停留在工具图标上稍等片刻，即可显示关于该工具的名称及快捷键的提示。单击工具箱顶部的图标▶▶或◀◀即可将工具箱展开或折叠显示。

　　（9）浮动面板。为了方便制作，Flash

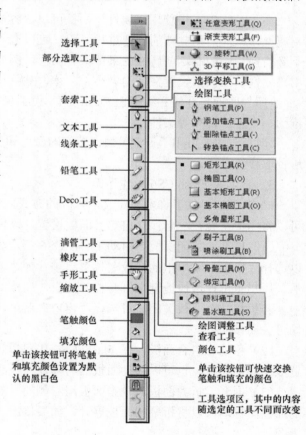

图 1-10　工具箱

CS6 为用户提供了"属性"、"库"、"颜色"、"动作"、"对齐"、"变形"等许多浮动面板，用于配合场景、元件的编辑和 Flash 的功能设置，有助于查看、组织和更改文档中的元素。在"窗口"菜单中执行相应的命令，可以在 Flash CS6 的工作界面中显示或隐藏相应的面板。当

浮动面板显示时，其位置可以在窗口中改变。如图 1-11 所示为其中的"属性"、"库"和"颜色"面板。

图 1-11　浮动面板

在 Flash CS6 中使用"属性"面板可以很容易地访问舞台或时间轴上当前选定对象的常用属性，从而简化文档的创建过程。用户可以在"属性"面板中更改对象或文档的属性，而不必访问用于控制这些属性的菜单或者面板。例如，选择工具箱中的"文本工具"后，可利用"属性"面板来设置文字的大小、字体、颜色及对齐方式等。

"库"面板是存储和组织在 Flash 中创建的各种元件的地方，它还用于存储和组织导入的位图、声音、视频等文件。

"颜色"面板可用于设置笔触、填充的颜色和类型、alpha 值，还可对 Flash 整个工作环境进行取样等操作。

3．自定义 Flash CS6 工作界面

Flash CS6 提供了许多自定义工作区的方式，可以显示、隐藏面板和调整面板的大小，还可以将面板组合在一起保存自定义面板设置，以使工作区符合用户的个人需要。

（1）打开、关闭面板。启动 Flash CS6 后，如果默认的工作界面中没有需要的面板，可以选择"窗口"菜单中的面板名称菜单项（如"动作"、"主工具栏"等）来打开该面板。当然。用户也可使用快捷键来打开相应面板，如按 F9 键即可打开并显示"动作"面板。

若想将某个面板关闭，可选择"窗口"菜单，将相应面板项前的对勾 ✔ 取消或按快捷键均可关闭该面板。

（2）移动、组合面板。在 Flash CS6 中可以通过拖动面板的标题栏将面板拖移至其他位置成为浮动面板，也可以移动面板后与其他面板组合为一个面板组。

（3）展开、折叠面板。单击面板组右侧的"展开面板"按钮 ◀◀ 或直接单击面板组中折叠的面板图标均可以将折叠的面板展开，如果单击"折叠为图标"按钮 ▶▶ 则可以将面板组收缩为图标。

（4）更改工作区布局模式。在 Flash CS6 中可以对工作区布局进行修改。只需要单击"菜单"栏右侧的"工作区预设"下拦菜单 基本功能 ▾，或单击"窗口"→"工作区"菜单命令，在其下拉列表中选择一种工作区的布局模式，不需要重新启动 Flash CS6，就可以即时更换工作区布局。

> **提示**
>
> 　　"基本功能"是启动 Flash CS6 时默认的面板布局，另外还有"动画"、"传统"、"调试"、"设计人员"、"开发人员"、"小屏幕"，用户可从中选择一种合适的工作面板布局。

（5）重置、新建、管理工作区。如果工作区面板布局被改动了，希望恢复原先的工作区布局，可以选择"窗口"→"工作区"菜单或在"工作区预设"下拉菜单 基本功能 中的"重置'基本功能'"即可恢复默认的面板布局。如果希望将调整好的工作界面保存下来，可以选择"窗口"→"工作区"菜单或在"工作区预设"下拉菜单 基本功能 中的"新建工作区"，在打开的"新建工作区"对话框中输入名称即可，新建的工作区还可以对其进行管理。

三、知识进阶

1. Flash 的产生与发展

Flash 的前身是 Future Wave Software 公司推出的 FutureSplash Animator，在出现时它仅仅作为当时交互制作软件 Director 和 Authorware 的一个小型插件。1996 年 11 月，Macromedia 公司收购了 Future Wave Software 公司后才出品成单独的软件，将 FutureSplash Animator 重新命名为 Macromedia Flash 1.0。Flash 曾与 Dreamweaver（网页制作工具软件）和 Fireworks（图像处理软件）合称为"网页三剑客"。Flash 随着互联网的发展，在 Flash 4 版本之后嵌入了 ActionScript 函数调用功能，使其在交互应用上更加便捷。2006 年 Macromedia 公司被 Adobe 公司收购，2007 年 Adobe 公司推出了全新的 Flash CS3，增加了全新的功能，包括对 Photoshop 和 Illustrator 文件的本地支持，以及复制、移动功能，并且整合了 ActionScript 3.0 脚本语言开发。经过几年的发展，在 2012 年 6 月份，Adobe 公司推出了 Flash 的全新版本 CS6，它以便捷、完美、舒适的动画编辑环境，深受广大动画制作者的喜爱。Flash 独立于浏览器之外，只要给浏览器加入相应的插件，就可以观看 Flash 动画，占用带宽小，比标准的 GIF 和 JPEG 更灵活，体积更小。

2. Flash 的应用领域

在网络技术迅速发展的今天，静止的图像已经无法满足人们的视觉需求及商家对产品信息的表现需求，动画正逐渐成为网页中不可缺少的一种重要的宣传手段和表现方法。Flash 以其强大的矢量动画编辑功能和动画设计功能、灵活的操作界面、开放式的结构，已经在影视、动漫、演示、广告宣传等领域得到了广泛的应用。

（1）网页宣传广告。因为传输的关系，网页上的广告需要具有短小精悍、表现力强的特点，而 Flash 动画正好可以满足这些要求。现在随手打开一个知名的网站，都会看到用 Flash 制作的广告，而网络用户也接受这种新兴的广告方式，因为他们都会被 Flash 的趣味设计所吸引，并不会厌烦这种带有广告性质的 Flash 动画。相比之下，带有商业性质的 Flash 宣传广告动画制作更加精致，画面设计、背景音乐更加考究，网页宣传广告将 Flash 的技术与商业完美结合，也给 Flash 的学习者指明了发展方向，如图 1-12 所示为 Flash 商业广告。

（2）制作动画短片。动画短片是 Flash 最适

图 1-12　Flash 商业广告

合表现的一类动画。动画短片通常短小精悍、有鲜明的主题，并且可配以声音效果。通过 Flash 制作动画短片能很快地将作者的意图传达给浏览者。动画短片中主要包括具有故事情节的影视短片和表现歌曲内容的 Flash MV，如图 1-13 和图 1-14 所示。

图 1-13　影视短片

图 1-14　Flash MV

（3）制作电子贺卡。每逢节日，在网上会出现许多动画电子贺卡。通过 Flash 制作的电子贺卡，不但图文并茂，而且可以伴有背景音乐，可以便捷地传达感情，它是目前网络中比较流行的一种发送贺卡的方式，如图 1-15 所示。

图 1-15　动画电子贺卡

（4）制作 Flash 游戏。使用 Flash 的行为和动作脚本功能可以制作一些有趣的小游戏，如看图识字游戏、贪吃蛇游戏、棋牌类、射击类游戏等。Flash 游戏的主要特点是交互性非常强，主要体现在鼠标或者键盘上。如图 1-16 所示即为 Flash 游戏。

（5）制作多媒体教学课件。许多教师经常使用 Flash 制作教学课件。将教学过程中需传达、讲述的教学内容，在 Flash 中与图形、图像、声音、视频等多种媒体有机组合，再加上其交互式的操作制作出多媒体教学课件。Flash 课件具有体积小、表现力强的特点，因此在制作实验演示或多媒体教学光盘时，得到了大量的应用，如图 1-17 所示。

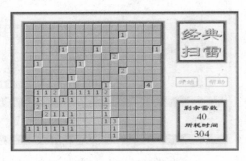

图 1-16　Flash 游戏

图 1-17　Flash 教学课件

（6）制作 Flash 网站或网页。为了达到一定的视觉冲击力，很多企业网站往往在浏览者进入主页之前首先播放一段使用 Flash 制作的进站动画；很多网站的 Logo、网站导航菜单、产品展示等也都是 Flash 动画；此外，网站中的各个元素也可以单独制作成 Flash 动画，这样的网站内容丰富绚丽，十分个性化。

当需要制作一些交互功能较强的网站时，例如制作某些调查类网站，可以使用 Flash 制作整个网站，这样互动性更强。如图 1-18 所示为网站中的 Flash 导航菜单。

图 1-18 网站中的 Flash 导航菜单

（7）制作网络表情。近来很多用户使用 Flash 开发网络表情，如网络上的 QQ 表情等。这些表情均可以使用 Flash 开发制作，然后输出为 GIF 格式的动画文件，便可以在 QQ 网络聊天中发送给好友。

3．Flash CS6 的新增功能

Flash CS6 软件是交互创作的业界标准，可用于提供跨个人计算机、移动设备的，在几乎任何尺寸和分辨率的屏幕都能呈现的互动体验。Flash CS6 在性能优化、多平台支持、用户体验等方面做了较多的改进，特别是增强了在移动设备应用中的以下功能。

（1）最新的 Flash Player。

（2）导出 PNG 图像序列。

（3）LZMA 压缩方法。

（4）性能优化的"直接"窗口模式。

（5）生成 Sprite 表。

（6）支持生成 HTML 5 内容。

（7）AIR 本机扩展。

（8）灵活高效的调试环境。

（9）体验良好的部署方式。

4．Flash 动画的制作原理

传统动画和影视都是利用人们眼睛的"视觉暂留"特性，通过连续播放一组静态画面，在视觉上形成连续变化的运动图画。因为人的眼睛在一定时间内连续快速观看一系列相关联的静止画面时，会感觉成连续动作，每一幅静态画面就是一个帧，Flash 动画也是如此。实验证明，如果动画或电影的画面刷新率为每秒 24 帧左右，亦即每秒放映 24 幅画面，则人眼看到的是连续的画面效果。在 Flash 中时间轴的不同帧上放置不同的对象或设置同一对象的不同属性，例如位置、大小、颜色、透明度等，当播放头在这些帧之间移动时，便形成了动画。例如，在第 1 帧上绘制一个星形图，在另一帧上稍微缩放一下该星形图，当播放头在这两个关键帧之间跳转时，便会形成一颗星星闪烁的动画，如图 1-19 所示（用户可以打开教材配套光盘"素材与实例/项目 1/星星闪烁/星星闪烁动画素材.fla"文档进行操作）。

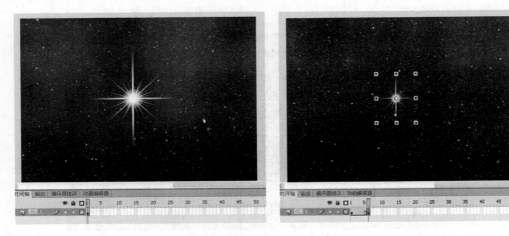

图 1-19 星星闪烁动画制作原理

Flash 动画的制作过程，便是在不同的帧上绘制、编辑、设置动画组成元素的过程。但是，如果每一帧上的对象都需要用户去绘制和设置，这样制作一个动画就会花去用户很多时间。为此，Flash 提供了多种功能辅助动画制作，如利用元件可使一个对象多次重复使用；利用补间功能可自动生成各帧上的对象；利用遮罩、路径引导功能可以制作出特殊动画。这些都将在后面陆续介绍。

5. Flash 动画的特点

Flash 是基于矢量的具有交互性的图形编辑和二维动画制作软件，它具有强大的动画制作功能和卓越的视听表现力，因此被广泛应用于网页设计、网页广告、网络动画、多媒体教学课件、游戏设计、企业介绍、产品展示和电子相册等领域。Flash 动画之所以被广泛应用，是与其自身的特点密不可分的。Flash 动画的特点，主要有以下几个方面。

（1）体积小。在 Flash 动画中主要使用的是矢量图，从而使得其生成的文件较小、效果好、图像细腻，而且对网络带宽要求低。同时在将 Flash 动画导出或发布为.swf 影片的过程中，程序也会压缩、优化动画组成元素（如位图图像、音乐和视频等），这就进一步减少了动画的储存容量，使其更加便于在网上传输。

（2）画面清晰。Flash 动画主要由矢量图形组成，矢量图形具有储存容量小，并且在缩放时不会失真的优点。这就使得 Flash 动画具有储存容量小，而且在缩放播放窗口时不会影响画面的清晰度的特点。Flash 网页动画的可缩放性为用户提供了许多方便，特别适用于制作动态地图或某些产品的细节表现。

（3）适用于网络传播。Flash 动画可以放置于网络上，供浏览者欣赏和下载。可以利用这一独有的优势在网上广泛传播，用 Flash 制作的 MV 比传统的 MTV 更容易在网络上传播，而且网络传播无地域之分，也无国界之别。同时，发布后的.swf 动画影片具有"流"媒体的特点，在网上可以边下载边播放，而不像 GIF 动画那样要把整个文件下载完了才能播放。

（4）交互性强。可以通过为 Flash 动画添加动作脚本使其具有交互性。这一点是传统动画无法比拟的，也是 Flash 得以称雄的最主要原因之一。通过交互功能，观众不仅能够欣赏到动画，还可以成为其中的一员，借助于鼠标或键盘触发交互功能，从而实现人机交互。

（5）节省成本。使用 Flash 软件制作动画可以大幅度降低制作成本。同时，在制作时间上也比传统动画大大缩短，并且可以做出更酷更炫的效果。

（6）制作简单。Flash 动画的制作比较简单，一个动画爱好者在掌握了软件的用法后，只需拥有一台电脑和一套软件就可以制作出有声有色的 Flash 动画。另外，Flash 软件还提供了一套完备的联机教程，通过这个教程可以立即了解软件的各种功能。

（7）跨媒体。Flash 动画不仅可以在网络上传播，同时也可以在电视甚至电影中播放，大大拓宽了它的应用领域。

（8）更具特色的视觉效果。凭借 Flash 交互功能强等独特的优点，Flash 动画具有更新颖的视觉效果，比传统动画更能亲近观众。Flash 动画虽然现在还比较粗糙、简陋，但比传统的动漫更加容易与灵巧，更加"酷"，已经成为了一种新时代的艺术表现形式。

 提 示

在 Flash 中创建或编辑制作的文档被称为 Flash 源文件，保存后其扩展名为 .fla。这一类型的文件体积较大，但可以继续在 Flash 中对其内容进行编辑修改。制作好的源文件还应在 Flash 软件中将其导出或发布为 .swf 格式的影片，这样才能在本地电脑或网络上播放。当然，在 Flash 中执行"控制"→"测试影片"或"测试场景"菜单命令，均会在当前影片所在的同一文件夹中自动生成与源文件同名的 .swf 文件。这一类型的文件就是最终得到的动画文件，体积较小，但不可对其进行修改。

6．Flash 动画的创作流程

Flash 动画的创作流程就像拍一部电影一样。创作一个优秀的 Flash 动画作品也要经过很多环节，每一个环节都关系到作品的最终质量。Flash 动画具有矢量动画的功能，其创作流程比一些传统的动画要简单得多，Flash 动画的基本工作流程大致可以分为前期策划、素材准备、动画制作、后期调试和发布动画 5 个步骤。

（1）前期策划。在着手制作动画前，我们应首先明确制作动画的目的及要达到的效果。然后确定剧情和角色，有条件的话可以请别人编写剧本。准备好这些后，还要根据剧情确定创作风格。比如，比较严肃的题材，我们应该使用比较写实的风格；如果是轻松愉快的题材，可以使用 Q 版造型来制作动画。

（2）素材准备。做好前期策划后，便可以开始根据策划的内容设计绘制角色造型、背景及要使用的道具。当然，也可以从网上搜集动画中要用到的素材，比如声音素材、图像素材和视频素材等。如果是 Flash 动画短片，则还需要考虑剧情的设置和发展，一个好的剧情对于 Flash 动画来说是非常重要的。

（3）动画制作。一切准备就绪就可以开始制作动画了。这主要包括为角色造型添加动作、角色与背景的合成、声音与动画的同步。这一步最能体现出制作者的水平，想要制作出优秀的 Flash 作品，不但要熟练掌握软件的使用方法，还需要掌握一定的美术知识以及运动规律。

（4）后期调试。后期调试包括调试动画和测试动画两方面。调试动画主要是对动画的各个细节，如动画片段的衔接、场景的切换、声音与动画的协调等进行调整，使整个动画显得流畅、和谐。在动画制作初步完成后便可以调试动画以保证作品的质量。测试动画是对动画的最终播放效果、网上播放效果进行检测，以保证动画能完美地展现在欣赏者面前。

（5）发布动画。动画制作好并调试无误后，便可以将其导出或发布为.swf 格式的影片，并传到网上供人们欣赏及下载。发布是 Flash 动画创作特有的步骤，因为目前 Flash 动画主要用于网络，因此有必要对其进行优化，以便减小文件的体积和优化其运行效率，有时还需要为其制作一个 Loading 和添加结束语等工作。

任务 2　制作第一个 Flash 动画——"一个大圆变成多个小圆"

一、任务说明

本任务主要通过制作"一个大圆变成多个小圆"的动画实例，引领读者了解制作 Flash 动画的一般过程，并对绘图工具、图形、图层、帧等有一个初步的认识，掌握 Flash 文件的新建、保存、打开和预览动画的操作方法。

二、任务实施

1. 新建 Flash 文档

启动 Flash CS6 后，在欢迎界面中单击"新建"下的 ActionScript 3.0 或 ActionScript 2.0 命令即可创建一个 Flash 新文档，或选择"文件"→"新建"菜单，也可使用快捷键 Ctrl+N，打开如图 1-20 所示的"新建文档"对话框。在其中选择要创建的文档类型，设置文档的尺寸、标尺单位、帧频、背景颜色等项，本例均采用默认设置，单击"确定"按钮创建一个新文档。另外，单击主工具栏上的"新建"按钮也可以快速创建一个新文档。

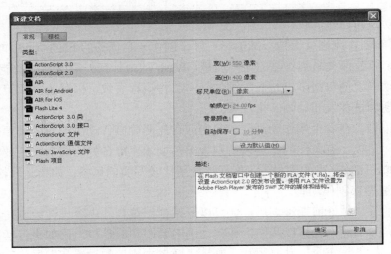

图 1-20　"新建文档"对话框

2. 设置文档属性

如果需要对创建的 Flash 文档进行重新设置，可单击界面中的"属性"面板，在其中设置相应的舞台尺寸、帧频、背景颜色等文档属性。Flash 默认的舞台大小是 550（宽）像素×400

（高）像素，背景为白色，如图 1-21 所示，并可单击其中的"编辑文档属性"按钮或选择"修改"→"文档"菜单，也可使用快捷键 Ctrl+J，打开如图 1-22 所示的"文档设置"对话框，在其中可对所建文档进行更全面的设置。

图 1-21　"属性"面板

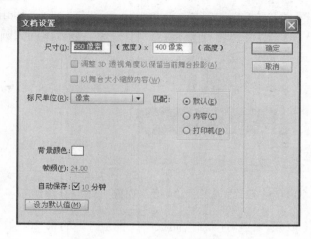

图 1-22　"文档设置"对话框

3. 绘制图形和制作动画

图形是组成 Flash 动画的基本元素。制作动画时可利用 Flash CS6 工具箱提供的工具绘制出动画需要的任何图形。本例先绘制一个大的正圆，再绘制多个小的正圆，并利用"时间轴"面板中的图层和帧将其制作成动画。

（1）首先选择"椭圆工具"，可在"矩形工具"按钮上按下鼠标左键，当工具组显示后选择"椭圆工具"再松开左键即可，如图 1-23 所示。

（2）选择好"椭圆工具"后，单击工具箱中的"笔触颜色"按钮，在打开的调色板中单击"无色"按钮，将椭圆的轮廓线设置为无，如图 1-24 所示。单击工具箱中的"填充颜色"按钮，在打开的调色板中单击红色色标，将椭圆的填充色设置为红色。

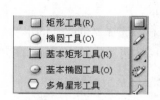

图 1-23　选择"椭圆工具"

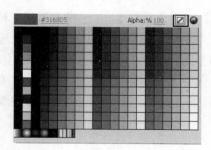

图 1-24　将椭圆的轮廓线设置为无

 提　示

在 Flash 中绘制的矢量图形由轮廓线和填充两部分组成，此处也可以使用"颜色"面板或"属性"面板来设置椭圆的笔触颜色和填充颜色。在"属性"面板中还能对所选工具的选项进行更多的设置。如图 1-25 所示为设置完成后的"颜色"面板。

图 1-25　设置完成后的"颜色"面板

（3）设置好"椭圆工具"  的颜色后，在舞台上按住 Shift 键拖动鼠标，释放鼠标后即可绘制一个大的正圆，如图 1-26 所示。

（4）单击工具箱中的"选择工具" ，并单击舞台上的大圆将其选中后拖移至舞台的中央。

图 1-26　绘制的大的正圆

（5）选中"时间轴"面板中"图层 1"的第 20 帧，并按 F7 键转换为空白关键帧，单击工具箱中的"椭圆工具" ，选择工具箱中的"填充颜色"按钮 ，在打开的调色板中单击绿色色标，将椭圆的填充色设置为绿色。

> **提　示**
>
> 　　帧是进行 Flash 动画制作的最基本的单位，帧分为关键帧、普通帧和空白关键帧三种类型。关键帧顾名思义即有关键内容的帧，用于定义动画的变化。制作动画时，在不同的关键帧上绘制或编辑对象，再通过一些简单的设置便能形成动画。没有内容的关键帧被称为空白关键帧，可在空白关键帧上添加新的对象。普通帧的作用是延续前一个关键帧上的内容，不可对其进行编辑操作。关键帧在时间轴上显示为实心的圆点，空白关键帧在时间轴上显示为空心的圆点，普通帧在时间轴上显示为灰色填充的小方格。

（6）在舞台上按住 Shift 键拖动鼠标，释放鼠标后即可绘制一个小的正圆。使用同样方法再绘制几个小圆，然后单击工具箱中的"选择工具" ，再单击舞台上的小圆将其选中后拖移并在舞台的中央大致排列成一个圆形，如图 1-27 所示。

（7）选中"时间轴"面板中"图层 1"的第 1 帧，右击选择"创建补间形状"命令，至此"一个大圆变成多个小圆"的动画就制作完成了。如图 1-28 所示为第 10 帧时的动画变化状态。

图 1-27　绘制的多个小圆

图 1-28　动画的变化状态

提示

补间动画是 Flash 的一种动画类型。制作补间动画时，只需建立起始关键帧和结束关键帧画面，中间部分由软件自动生成，省去了中间动画制作的复杂过程，非常方便易用，这正是 Flash 的迷人之处。

4. 保存、预览、关闭和打开动画

动画制作好后，需要测试一下播放效果，在测试中可以及时发现问题进行修改并保存。

（1）在制作动画后要保存文档，可选择"文件"→"保存"菜单，或按快捷键 Ctrl+S，打开"另存为"对话框，在"保存在"列表框中选择文档保存的路径，在"文件名"文本框中输入文档的名称，然后在"保存类型"列表框中选择文档的保存类型，单击"保存"按钮，即可对动画文档进行保存。如果希望对已保存的文档进行换名保存，则可以选择"文件"→"另存为"菜单，或按快捷键 Ctrl+Shift+S，在打开的"另存为"对话框中重新设置文档保存的路径和文件名即可，如图 1-29 所示。如果希望在低版本中打开 Flash 文档，则可在"保存类型"列表框中进行相应的选择。

图 1-29　"另存为"对话框

提示

用户应尽量在新建文档后，便执行保存文档的操作，并在制作动画的过程中经常单击主工具栏中的"保存"按钮📄保存文档，以避免发生意外。

（2）在动画制作过程中，按下 Enter 键可以在编辑环境中预览动画的播放效果。如果希望预览动画的实际播放效果，可执行"控制"→"测试影片"菜单命令或按 Ctrl+Enter 组合键，打开 Flash Player 播放器对制作完成的动画影片进行测试，此时会在保存文档的文件夹中生成一个与文档同名的.swf 影片文件，如图 1-30 所示。

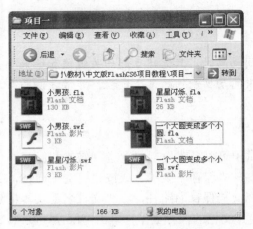

图 1-30　与文档同名的.swf 影片文件

（3）在保存文档后，若不再需要对动画文档进行编辑，单击文档选项卡右侧的"关闭"按钮 ×、选择"文件"→"关闭"菜单或按 Ctrl+W 组合键，均可关闭当前的动画文档。如果选择"文件"→"全部关闭"菜单，或按 Ctrl+Alt+W 组合键，可关闭所有打开的动画文档。

（4）若需要对已有动画文档进行编辑，首先需要将该文档打开。在 Flash CS6 中有以下几种方法可以打开文档。

1）在 Flash CS6 的主界面中选择"文件"→"打开"菜单，或按快捷键 Ctrl+O，在打开的"打开"对话框中选择要打开的文档，然后单击"打开"按钮，即可打开指定的 Flash 文档。

2）打开存放文档的文件夹后双击要打开的文档图标。

3）在启动 Flash 时，在开始页左侧的"打开最近项目"下单击最近打开的文档名称。

三、知识进阶

1. 缩放和移动舞台

在实际制作动画时，常常需要改变舞台的显示比例，适当地放大舞台，便于观察和处理对象的细节。缩小舞台，可以更好地把握对象的整体形态及在舞台上的位置。下面以教材配套光盘"素材与实例/项目 1/舞动的精灵/舞动的精灵.fla"文档为例进行操作。

（1）要放大舞台，可选择工具箱中的"缩放工具" 🔍，此时当光标移动至舞台时显示为 🔍，直接在舞台中单击即可以放大舞台。

（2）要想缩小舞台，可选择工具箱中的"缩放工具" 🔍，此时当光标移动至舞台并按住 Alt 键时显示为 🔍，直接在舞台中单击即可以缩小舞台。

（3）要放大舞台中指定的区域，可选择工具箱中的"缩放工具" 🔍，在舞台上按下鼠标左键后拖曳，即可以拖出一个矩形区域，便可将该区域放大并填充至整个窗口，且在可见范围中，如图 1-31 所示。

（4）另外，舞台的缩放还可以单击 Flash 工作界面中编辑栏右端的显示比例，在其下拉列表中选择，也可以在该列表中直接输入要显示的比例数值，并按 Enter 键，舞台就能按指定的比例进行显示，如图 1-8 所示。

（5）除此之外，还可以选择"视图"菜单项中的"放大"、"缩小"或"缩放比率"下的"符合窗口大小"、"显示帧"、"显示全部"或具体的比例菜单命令来放大或缩小舞台。但

图 1-31　放大舞台指定区域

舞台上的最小缩小比率为 4%，最大放大比率为 2000%，所有的缩放操作都只能在这个范围内进行。选择"符合窗口大小"可使舞台缩放至充满整个文档窗口的大小，选择"显示帧"可以看到完整的舞台，包括舞台下面及右侧的滚动条，选择"显示全部"项则可显示当前帧的全部内容。

提示

　　按下 Ctrl++或 Ctrl+−组合键可快速将舞台放大或缩小一倍。另外，双击工具箱中的"缩放工具" 🔍 可快速将舞台恢复为原来的大小。双击工具箱中的"手形工具" ✋ 可快速缩放舞台使其符合窗口大小。

　　（6）将舞台放大后，若希望查看未显示区域，可拖动舞台下方或右侧的滚动条移动舞台，也可以选择工具箱中的"手形工具" ✋ 后，在舞台区域或者视图区域中拖动来移动舞台的位置。

 提示

　　如果当前正选择了其他工具进行操作，可按住键盘上的空格键快速切换到"手形工具" ✋ ，当松开空格键后又可切换回刚才使用的工具。

2. 使用网格、标尺和辅助线

　　在动画制作过程中绘制图形或移动对象时，利用网格、标尺和辅助线可以精确地勾画和安排对象的位置，并可以使不同的对象相互对齐。在实际播放动画时，网格和辅助线不会显示，只是在绘画与编辑的时候起到很好的辅助定位作用。下面以教材配套光盘"素材与实例/项目 1/太湖鹅/太湖鹅.fla"文档为例介绍相应的操作。

　　（1）选择"视图"→"网格"→"显示网格"菜单，即可在舞台上显示网格，如图 1-32 所示即为显示网格并对齐对象的效果。

　　（2）选择"视图"→"网格"→"编辑网格"菜单，可在弹出的对话框中对网格线的颜色、网格的尺寸及对象是否贴紧网格对齐等进行设置，如图 1-33 所示。

图 1-32　显示网格并对齐对象的效果　　　　　图 1-33　"网格"对话框

　　（3）使用标尺可以度量对象的大小比例，以便更精确地绘制对象。选择"视图"→"标尺"菜单，即可在视图中显示或隐藏标尺。标尺分为位于工作区左侧的垂直标尺和位于工作区上方的水平标尺，舞台的左上角为"标尺"的零起点，如图 1-34 示。标尺的单位默认是"像素"，如果要修改标尺的单位，可以选择"修改"→"文档"菜单，在打开的"文档设置"对话框中的"标尺单位"下拉列表中选择合适的单位。

　　（4）要创建辅助线，首先要确认标尺处于显示状态，并单击工具箱中的"选择工具" ▶ ，在

"水平标尺"或"垂直标尺"上按住鼠标左键并拖动，即可拖出水平辅助线或垂直辅助线，反复操作可拖出多条辅助线，此时便可利用对象自动贴紧辅助线的功能来对齐对象，如图 1-35 所示。

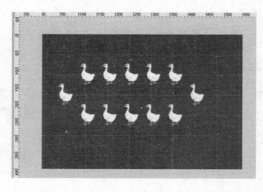

图 1-34　显示标尺

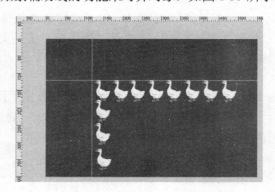

图 1-35　拖出辅助线并对齐对象

（5）要移动辅助线，可选择工具箱中的"选择工具" ，将光标移动到辅助线上，按住鼠标左键并拖动即可。如果想要防止误移动辅助线，可以选择"视图"→"辅助线"→"锁定辅助线"菜单，将辅助线锁定，重新选择该菜单可解除辅助线的锁定。

（6）要编辑辅助线，可以选择"视图"→"辅助线"→"编辑辅助线"菜单，在弹出的"辅助线"对话框中设置辅助线的颜色、贴紧精确度、显示辅助线等。

（7）要清除单条辅助线，只需单击工具箱中的"选择工具" ，拖动辅助线至舞台外即可；要删除全部辅助线，可以选择"视图"→"辅助线"→"清除辅助线"菜单。

3．操作的撤销、重做与重复

在 Flash 动画的制作过程中，如果之前所做的操作发现不符合要求，可以将其操作撤销，如果有些操作需要重复进行，可以使用重复命令快速执行相同的操作。

（1）若需要撤销前一步操作，可选择"编辑"→"撤销……"菜单，也可按快捷键 Ctrl+Z，或者单击主工具栏上的"撤销"按钮 。如果连续执行则可以撤销之前的多步操作。

（2）若需要恢复前一步撤销的操作，可选择"编辑"→"重做……"菜单，也可按快捷键 Ctrl+Y，或者单击主工具栏上的"重做"按钮 。如果连续执行则可以恢复之前撤销的多步操作。

（3）如果需要一次性撤销前面所做的多步操作，可选择"窗口"→"其他面板"→"历史记录"菜单，在打开的"历史记录"面板中向上拖动滑块至所需的操作记录，也可以双击需要撤销的最终操作记录左侧的滑杆，即可以实现撤销的操作。如图 1-36 所示被撤销的历史记录步骤变为灰色。如果在没有进行其他操作之前又想要恢复撤销的操作，则可向下拖动滑块至所需恢复的操作记录，也可以双击需要恢复的最终操作记录左侧的滑杆，被恢复的历史记录步骤又会变为清晰的直白显示。

（4）如果想要重复前一步操作，可选择"编辑"→"重复"菜单。

（5）如果想要重复前面执行的某步或某几步操作，可利用"历史记录"面板实现相应的操作。例如，对一个元件实例执行了水平翻转、位置移动、缩放、变形、旋转操作后，如果想将其中的部分操作应用于另一个实例，可选择另一个实例后，按住 Ctrl 键，在"历史记录"面板中选择要重复执行的具体操作步骤，然后再单击其中的"重放"按钮，即可实现对该实例进行所选记录项的重复操作。

图 1-36　"历史记录"中的撤销多步操作

提　示

　　选择"历史记录"面板中的记录时，按住 Shift 键单击可同时选中连续的多个记录。按住 Ctrl 键单击，可同时选中不连续的多个记录。默认状态下在"历史记录"面板中保存 100 步操作记录，要改变"历史记录"面板中保留的步骤数，可选择"编辑"→"首选参数"菜单，在打开的"首选参数"对话框的"常规"项中的 100 层级文本框中进行设置。

　　4．使用快捷菜单和快捷键

　　和其他软件一样，除了使用菜单和工具外，为了提高操作效率，Flash 也提供了一些常用功能的快捷菜单和快捷键。

　　（1）快捷菜单。快捷菜单不同于主菜单，一般需要进行右键单击才会看到，而且它只会显示与当前单击区域相关的一些功能。例如，在 Flash 中，只有在工作区、对象、帧或库面板上单击右键才会看到相关联的快捷菜单。这些快捷菜单在主菜单中都可以找到，当然快捷菜单更加便捷，更具有针对性，如图 1-37 所示。

　　（2）快捷键操作是指通过键盘的按键或按键组合来快速执行或切换软件命令的操作，使用快捷键可大大提高动画制作的工作效率。Flash 软件的快捷键相当丰富，常用快捷键见附录 A。下面举例说明快捷键的使用方法。例如，快捷键 Ctrl+N 的功能为新建文档，具体操作时可按下 Ctrl 键不松手，然后按下 N 键，最后再松开所有按键。快捷键一般写在菜单命令之后，如图 1-38 所示。另外，用户也可以根据个人习惯自定义快捷键，方便记忆与操作。

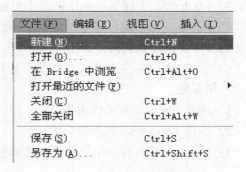

　　　　图 1-37　快捷菜单　　　　　　　　　　　　图 1-38　新建文档的快捷键

项目总结

本项目主要是通过制作"一个大圆变成多个小圆"的动画实例，使读者对 Flash CS6 的工作界面有一个感性的认识，并通过实例制作了解 Flash 动画的制作原理、特点、创作流程和相关概念，提高对动画制作的学习兴趣。其中，任务 2 是本项目的重点内容，任务后面的知识进阶也是对任务中的知识点的具体补充。

习　　　题

1. 选择题

（1）Flash CS6 源文件的扩展名为（　　）。

　　A．.swf　　　　　　B．.fla　　　　　　　C．.exe　　　　　　D．.html

（2）默认情况下，Flash CS6 舞台的尺寸单位为（　　）。

　　A．厘米　　　　　　B．毫米　　　　　　　C．英寸　　　　　　D．像素

（3）Flash CS6 中可以更改影片尺寸和背景颜色的面板是（　　）。

　　A．"颜色"面板　　　　　　　　　　　B．"对齐"面板

　　C．"属性"面板　　　　　　　　　　　D．"时间轴"面板

（4）Flash CS6 中重做的快捷键是（　　）。

　　A．Ctrl+Z　　　　　B．Ctrl+Y　　　　　C．Ctrl+Alt+Z　　　D．Ctrl+Shift+Z

（5）下列不是 Flash CS6 导出文件格式的是（　　）。

　　A．.JPG　　　　　　B．.SWF　　　　　　C．.PPT　　　　　　D．.GIF

（6）下列最适合在因特网中传输的动画类型是（　　）。

　　A．FLC　　　　　　B．AVI　　　　　　　C．SWF　　　　　　D．MPG

（7）测试影片的快捷键是（　　）。

　　A．Ctrl+Enter　　　　　　　　　　　　B．Ctrl+Alt+Enter

　　C．Ctrl+Shift+Enter　　　　　　　　　D．Alt+Shift+Enter

2. 填空题

（1）Flash CS6 是由美国的 Adobe 公司于_____年____月推出的一款交互式_____动画设计软件。

（2）Flash CS6 采用的是_____播放形式，实现边下载边播放的特点。

（3）Flash CS6 中视图显示比例最小可设置为 4%，最大显示比例为_____%。

（4）按_____键可以撤销前一步操作。

（5）Flash CS6 默认的帧频是_____。

（6）在 Flash CS6 中保存文件和另存为操作的快捷键分别是_____和_____。

3. 简答题

（1）简述 Flash 动画的应用领域。

（2）简述 Flash CS6 的新增功能。

（3）"历史记录"的作用是什么？如何使用"历史记录"？

实训　熟悉 Flash CS6 的窗口界面和简单动画的制作

一、实训目的

（1）了解 Flash CS6 的应用，在因特网中搜索并欣赏使用 Flash 开发的作品。

（2）了解 Flash CS6 应用程序的窗口组成。

（3）掌握 Flash CS6 的文件操作。

（4）掌握应用 Flash CS6 制作简单动画的方法并播放测试影片。

（5）掌握 Flash CS6 文档属性的设置。

二、实训内容

（1）欣赏使用 Flash 开发的作品。

（2）熟悉 Flash CS6 应用程序的窗口组成及基本操作。

（3）新建一个名为"图形变换"的 Flash 文档，要求文档的大小为 400×400 像素、背景色为淡灰色，动画的帧频为 20fps。模仿任务 2 制作多种图形变换的动画，制作完成后播放测试影片，查看动画效果。

项目 2　绘 制 与 填 充 图 形

项目描述

在 Flash 动画中，矢量图形是其必不可少的重要组成部分。在 Flash CS6 中提供了一系列的矢量图形绘制和填充工具，用户可通过这些工具绘制所需的矢量图形，并将绘制的矢量图形应用到动画中。本项目主要介绍 Flash CS6 中的绘画和着色工具及选择和调整工具，并引领读者通过"田野风光"和"梦幻夜景"场景的绘制，系统地运用 Flash CS6 中的绘画和着色工具及选择和调整工具。

项目目标

通过本项目的学习，读者可以对 Flash CS6 中的绘画和着色工具及选择和调整工具有一个比较全面的了解和认识，并通过实例制作熟悉这些工具的使用方法，同时进一步掌握这些工具的操作技巧。

任务 1　绘制"田野风光"场景中的草地和天空并填充颜色

一、任务说明

本任务主要引领读者了解图像分类和对象绘制模式等相关知识，熟悉 Flash CS6 中的"线条工具"、"选择工具"和"颜料桶工具"的使用方法。

二、任务实施

1. 使用"线条工具"绘制"田野风光"场景的草地轮廓

利用"线条工具"可以绘制不同粗细、颜色和形状的直线。在工具箱中单击"线条工具"✎按钮或按快捷键 N 后，可通过"线条工具"所对应的"属性"面板，对线条的线型、颜色、粗细等进行设置，如图 2-1 所示。然后在舞台中按住鼠标左键不松并拖动，释放鼠标后即可绘制一条直线段。如果在按住鼠标左键的同时按住 Shift 键，即可以绘制出以 45°角

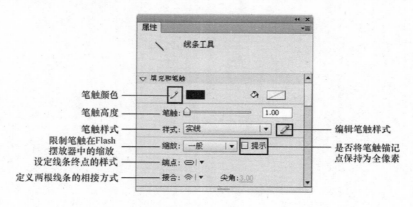

图 2-1　"线条工具"的"属性"面板

的倍数的线条，如水平或者垂直的线条等。如果想改变线型，可单击笔触样式后的三角按钮
，在打开的"笔触样式"下拉列表中选择更改，同时还可以单击"笔触样式"
右边的"编辑笔触样式"按钮 ，在弹出的"笔触样式"对话框中对线条的样式、粗细等重
新进行编辑设置。

　　下面通过绘制"田野风光"场景中的草地轮廓来学习"线条工具" 的使用方法。

　　（1）新建一个 Flash 文档，设定文档的宽度为 600 像素、高度为 400 像素，并将该文件
以"田野风光"为名保存。

　　（2）在工具箱中单击"线条工具" 按钮，然后打开如图 2-1 所示的"属性"面板，将
笔触高度设置为 1，笔触样式设为实线，笔触颜色设为
黑色。

　　（3）单击工具箱选项区中的"贴紧至对象"按钮 ，
将光标移至舞台的左上角，单击鼠标左键的同时按住
Shift 键沿舞台四周绘制直线，形成一个与舞台大小基
本一致的矩形，再从舞台右下角起点向左上绘制的一
根直线，使之在舞台的左下角形成一个直角三角形，
如图 2-2 所示为用"直线工具"绘制的一块三角形草
地区域。

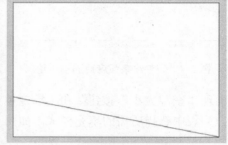

图 2-2　用"直线工具"绘制的草地区域

　　提 示

　　选择"贴紧至对象"按钮 后，绘制出的图形会自动向离自己最近的对象靠近。

　　2. 使用"选择工具"调整"田野风光"场景中的草地轮廓

　　在工具箱中单击"选择工具" 按钮或按快捷键 V 后，在舞台中的对象上单击可选中对
象。"选择工具" 的另一重要作用就是调整图形的形状，如图 2-3 所示即为使用"选择工具"
调整形状的过程。当我们使用"线条工具"绘制好直线后，选择工具箱中的"选择工具" ，
将光标移到线条边缘时光标形状变为 状态时，按住鼠标左键并拖动，即可调整线条弧度使
直线变为曲线。使用"选择工具" ，将曲线选中后移动曲线至左边另一根曲线与之对齐，
将光标移动到线条的端点，光标形状变为 状态时，按住鼠标左键并拖动，可调整线条的端
点位置，当与另一线条的端点闭合时形成一个节点，拖移此节点可调整该节点的位置，在此
形状中再添加几根线条，即可完成树叶与叶脉的轮廓。另外，在使用"选择工具" 调整线
条时，若按住 Ctrl 键，可拖出一个节点，从而可以更加方便地将线条调整为所需的形状。

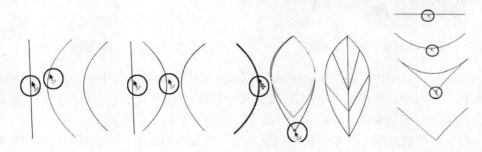

图 2-3　使用"选择工具"调整对象形状

下面通过调整"田野风光"场景中的草地轮廓来学习"选择工具" 调整线条形状的方法。

（1）在工具箱中单击"选择工具" ，将鼠标移至草地轮廓的斜线上，当光标形状变为 状态时，按住鼠标左键并向上拖动，调整线条弧度。

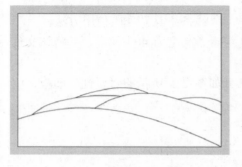

（2）选择工具箱中的"线条工具" 按钮，再绘制几条草地轮廓线，使用同样的方法调整线条弧度后的草地轮廓，如图 2-4 所示。草地轮廓线上方的区域将其作为"田野风光"场景中的天空部分。

3．使用"颜料桶工具"给"田野风光"场景中的草地与天空填充颜色

（1）利用"颜料桶工具" 可以为图形封闭或半封闭区域填充纯色、渐变色或位图。在工具箱中单击"颜料桶工具" 按钮或按快捷键 K 后，工具箱选项区会

图 2-4　调整线条弧度后的草地轮廓

出现"空隙大小"按钮 和"锁定填充"按钮 。单击"空隙大小"按钮 ，可在弹出的下拉列表中选择所需的填充模式，如图 2-5 所示，本例中选择"封闭小空隙"模式。

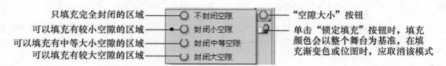

图 2-5　选择填充模式

（2）单击工具箱颜色区的"填充颜色"按钮 ，在打开的调色板中选择深绿色（#336600）色标，如图 2-6 所示。

（3）将鼠标分别移到如图 2-7 所示的"田野风光"场景中最远端的两个小草地的封闭区域，并单击填充颜色。

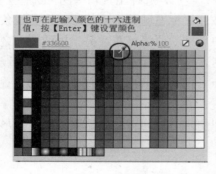

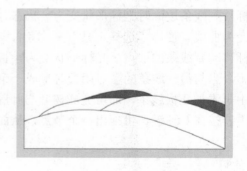

图 2-6　在调色板中选择颜色　　　　　图 2-7　填充两个小草地的封闭区域

（4）单击工具箱颜色区的"填充颜色"按钮 ，在打开的调色板中单击右上角的 按钮，打开"颜色"对话框。在该对话框的光谱图中的所选颜色为当前颜色，可稍微向上拖动右侧的明度条滑块，将颜色变淡，最后单击"确定"按钮，如图 2-8 所示。

（5）将鼠标移到如图 2-9 所示的"田野风光"场景中稍远的一个小草地的封闭区域，并单击填充颜色。

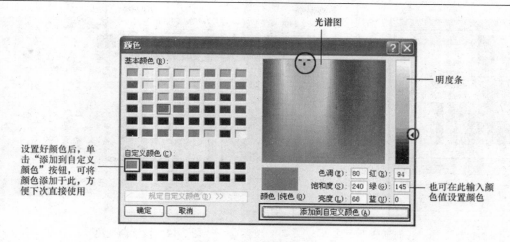

图 2-8　"颜色"对话框

（6）为了使草地做得更真实些，接下来我们为近端的两块大一点的草地填充渐变色。渐变色是指具有多种过渡颜色的混合色，可用来制作金属、光源等效果。那么渐变色分为线性渐变和径向渐变两种，在线性渐变中颜色之间的变化从起点到终点沿直线逐渐过渡；径向渐变颜色之间的过渡则是以起始点为中心，按照环形模式向四周逐渐扩散变化。首先选择"颜料桶工具"后，单击浮动面板中的"颜色"面板图标按钮（若浮动面板中没有此图标按钮，可选择"窗口"→"颜色"菜单，或按快捷键 Shift+F9），打开"颜色"面板，如图 2-10 所示。

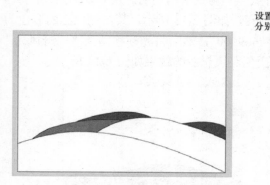

图 2-9　填充另一小草地的封闭区域

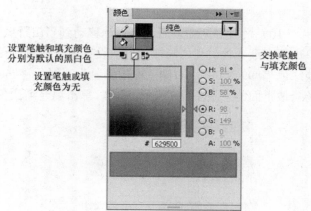

图 2-10　"颜色"面板

（7）单击"颜色"面板左上方的"填充颜色"按钮，再单击右侧的"颜色类型"按钮，从弹出的下拉列表中选择"径向渐变"，此时在"颜色"面板的下方会出现一个渐变条，如图 2-11 所示。

（8）此时默认选中的是左侧的白色色标，在渐变条上方光谱图中单击并拖动明度条可选择所需的颜色，也可双击渐变条最左侧的白色色标，在弹出的调色板中选择淡绿色，或直接在"十六进制"文本框中输入颜色值设置颜色。本例中淡绿色的颜色值设置为"#99BB33"，并将色标向右稍拖移一点距离，如图 2-12 所示。

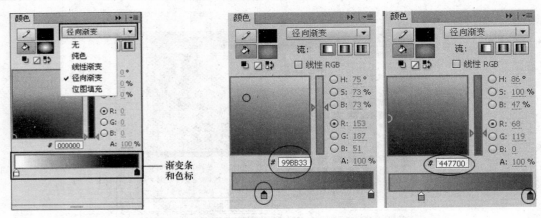

图 2-11 选择"径向渐变"　　　　　　　　图 2-12 设置渐变色

（9）使用上述同样方法，单击渐变条右侧的黑色色标，在渐变条上方光谱图中单击并拖动明度条选择所需的颜色，或双击黑色色标，在弹出的调色板中选择浅绿色，或者直接在"十六进制"文本框中输入颜色值"#447700"。

 提示

　　　向左或向右拖动色标，可改变色标所代表颜色在渐变色中的位置。若要添加色标，可将鼠标光标移至渐变条上，当其呈 形状时，单击可在光标位置添加一个色标。若要删除某个色标，只需将其拖出渐变条即可，线性渐变中设置渐变色的操作基本类似。

（10）设置好渐变色后，将光标移动到"田野风光"场景中稍近的一块草地的封闭区域，单击填充渐变色。利用同样的方法设置另一径向渐变，如图 2-13 所示，其左侧色标的颜色为淡绿色"#99CC00"，右侧色标的颜色为淡绿色"#669900"，然后将光标移动到"田野风光"场景最下面的一块草地的封闭区域，单击填充渐变色，填充后的效果如图 2-14 所示。

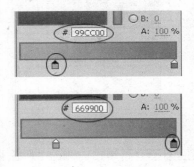
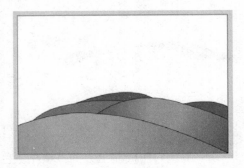

图 2-13 设置另一渐变色　　　　　　　　图 2-14 填充渐变色后的效果

（11）至此草地部分颜色的填充基本完成，接下来我们为天空填充渐变色。选择浮动面板中的"颜色"面板图标按钮 ，单击"颜色"面板左上方的"填充颜色"按钮 ，再单击右侧的"颜色类型"按钮 ，从弹出的如图 2-11 所示下拉列表中选择"线性渐变"，使用上述同样方法，双击色标，在弹出的调色板中选择左侧的颜色为淡蓝色"#00FFFF"，右侧色标的颜色为浅蓝色"#0066FF"，具体渐变色设置如图 2-15 所示。

（12）设置好渐变色后，将光标移动到"田野风光"场景中的天空区域，从左至右拖动鼠标填充渐变，如图 2-16 所示。使用"选择工具" 在线条上双击，选择场景中的所有线条，按 Delete 键删除，最后将文档保存。

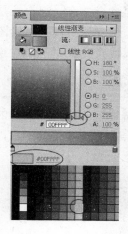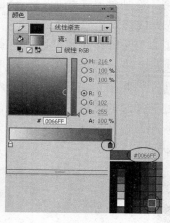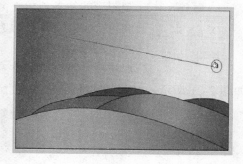

图 2-15　线性渐变设置　　　　　　　　　　　图 2-16　填充线性渐变

三、知识进阶

1. 矢量图与位图

根据图像的显示和存储原理的不同，可将图像分为位图和矢量图两种类型，其中矢量图又称向量图，位图又称为点阵图。

（1）位图。位图是目前最为常用的图像表示方法，位图是由 Adobe Photoshop、Painter 等图像软件制作产生的。它存储的是图像中每一个像素点的位置和颜色信息。位图图像弥补了矢量图像的缺陷，它能够制作出色彩和色调变化丰富的图像，可以逼真地表现自然界的景象，但同时其文件也较大，并且图像缩放和旋转时会产生失真的现象，如图 2-17 所示。用数码相机和扫描仪获取的图像都属于位图。Flash 也支持位图，用户可以将位图导入到 Flash 中。

（2）矢量图。矢量图由 Adobe Illustrator、AutoCAD 等图形软件制作产生的，主要记录组成图形的几何形状、线条的粗细和色彩等。在 Flash 中绘制的图形也属于矢量图形，其优点是文件较小，并且图形可以进行放大、缩小或旋转等操作，而不会失真，尤其适合制作企业标识。其缺点是绘制出来的图形通常色彩的层次不够丰富，图形也不是很逼真，无法像照片一样精确地表现丰富多彩的自然色彩，如图 2-18 所示。

图 2-17　位图　　　　　　　　　　　　　　　图 2-18　矢量图

2. 对象绘制模式

当选择绘画工具如"线条工具" ＼或"铅笔工具" ✐时，在工具箱下方的选项区会出现"对象绘制"按钮 ◎，如图 2-19 所示。当"对象绘制"按钮 ◎处于按下状态时，绘制出的图形会自动组合成整体对象，绘制对象在叠加时不会自动合并在一起，还是单独的图形对象，方便选择或移动，如图 2-20 所示。但在这种模式下绘图也有缺点，选中"选择工具" ▶后只能通过拖动轮廓线改变造型，要对绘制图形的线条或填充颜色进行更多的调整需双击图形进入其编辑模式进行调整，操作也不是很方便，因此除一些特殊需要外，一般不使用此模式。

图 2-19 "对象绘制"按钮

当"对象绘制"按钮 ◎处于弹起的状态时，即进入普通绘制模式，创建的形状在叠加时会合并在一起，选择形状并进行移动会改变所覆盖的形状，如图 2-21 所示。默认情况下，为普通绘制模式。

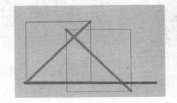
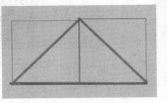

图 2-20 "对象绘制"模式

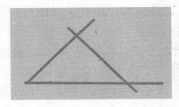
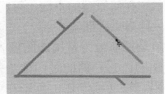

图 2-21 "普通绘制"模式

3. 使用"颜料桶工具"填充位图

使用"颜料桶工具"除了可以填充纯色和渐变色以外，还可以将位图的内容填充到图形中。下面我们以给杯子填充位图为例进行介绍。

（1）首先使用"线条工具" ＼和"椭圆工具" ◯绘制杯子形状，并使用"选择工具" ▶进行调整，最终画好的杯子如图 2-22 所示。

（2）选择"颜料桶工具" ◌后，单击浮动面板中的"颜色"面板图标按钮 🎨，打开如图 2-10 所示的"颜色"面板。单击"颜色"面板左上方的"填充颜色"按钮 ◌▆，再单击右侧的"颜色类型"按钮 ⟨纯色　▾⟩，从弹出的下拉列表中选择"位图填充"，会弹出如图 2-23 所示的"导入到库"对话框，在其中选择要填充的位图（也可以选择多个文件同时导入），单击"打开"按钮，导入位图后的"颜色"面板如图2-24 所示。如果还需要导入位图可单击面板中的"导入"按钮继续导入。

图 2-22 绘制的杯子

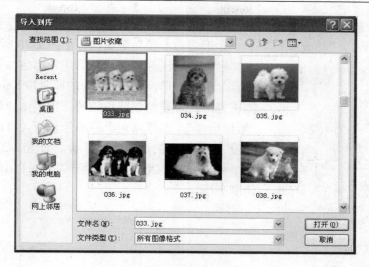

图 2-23　"导入到库"对话框

提 示

如果文档中已经有位图，则在"颜色"面板"类型"下拉列表中选择"位图填充"后不会弹出"导入到库"对话框。

（3）在位图列表中选择要填充的位图后，将光标移到杯子的正面单击，即可填充该位图，填充位图后的杯子如图 2-25 所示。

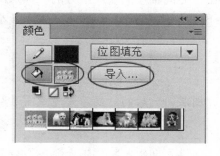

图 2-24　导入位图后的"颜色"面板　　　　图 2-25　填充位图后的杯子

任务 2　绘制"田野风光"场景中的小屋、风车、太阳、小花等几何图形

一、任务说明

本任务主要通过绘制"田野风光"场景中的小屋、风车、太阳、小花等几何图形，熟悉并掌握 Flash CS6 中的"矩形工具"、"椭圆工具"、"多角星形工具"、"基本矩形工具"和"基本椭圆工具"的使用方法。

二、任务实施

1. 使用"矩形工具"绘制小屋和风车底座

使用"矩形工具" ▢ 可以绘制矩形、圆角矩形、正方形，还可以绘制这些基本图形的轮廓线。在工具箱中单击或按快捷键 R 选择"矩形工具"█后，打开"属性"面板，可以设置矩形的"笔触颜色"、"填充颜色"和"矩形边角半径"等属性，如图 2-26 所示。设置好后，在舞台上拖动鼠标，确定矩形的轮廓后，释放鼠标即可在舞台上绘制矩形，在拖动鼠标的同时按 Shift 键不放可以绘制正方形，若要绘制圆角矩形，可单击"属性"面板中的"矩形选项"，设置圆角半径的像素值（可以输入 0~999 的数值），使矩形的边角呈圆弧状，如图 2-27 所示为设置圆角半径 20 像素绘制的圆角矩形。下面利用"矩形工具"█绘制小屋。

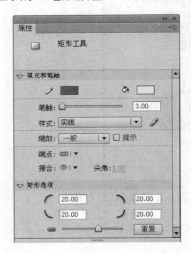

图 2-26　"矩形工具"的"属性"面板

图 2-27　绘制的圆角矩形

 提　示

　　在舞台上拖动"矩形工具"█时，按住键盘上的上下方向键，也可以调整圆角半径。

　　（1）打开前面保存的"田野风光"文档，单击"时间轴"面板左下方的"插入图层"按钮█，在"图层 1"上新建一个"图层 2"，将接下来要绘制的小屋、风车、太阳、小花等图形放在单独的一个"图层 2"上。

 提　示

　　为了方便操作，可单击"时间轴"面板上"图层 1"后的"显示或隐藏图层"按钮图标，隐藏该图层 █图层 1 ✕ ✕。

　　（2）选择工具箱中的"矩形工具"█，打开"属性"面板，将"填充颜色"设为淡黄色（#FF9999），"笔触颜色"为黑色。

　　（3）将光标移到舞台偏右位置，按住鼠标左键不放并拖动，绘制一个如图 2-28 所示的矩形。

　　（4）选择"线条工具"╲，在矩形右侧绘制两条如图 2-29 所示的直线作为小屋的侧面。

图 2-28　绘制矩形

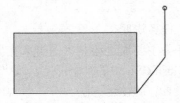

图 2-29　绘制小屋侧面

　　（5）继续使用"线条工具"╲，在矩形的上方绘制屋顶，如图 2-30 所示。

　　（6）选择工具箱中的"颜料桶工具"█，将"填充颜色"设为淡黄色（#FF9999），单击小屋的侧面填充颜色。再将"填充颜色"设为灰色（#666666），单击小屋的屋顶填充颜色，如图 2-31 所示。

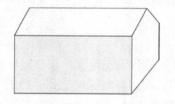

图 2-30 绘制小屋屋顶

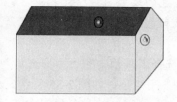

图 2-31 填充小屋屋顶和侧面

（7）选择工具箱中的"矩形工具" ▭，将"笔触颜色"设为没有颜色，"填充颜色"设为深红色（#990000），在小屋的屋顶上绘制一个矩形，作为小屋的烟囱。然后在小屋的正面继续使用"矩形工具" ▭绘制一个矩形，作为小屋的门，如图 2-32 所示。

（8）接下来将"矩形工具"的属性中的"笔触高度"设为 4，将"笔触颜色"设为深红色（#990000），"填充颜色"设为没有颜色，在小屋的正面绘制两个矩形窗户，并使用"线条工具" ＼在窗户中绘制横竖两条直线，如图 2-33 所示。这样一个小屋就基本绘制好了。

图 2-32 绘制和填充烟囱和门

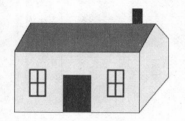

图 2-33 绘制窗户

（9）接下来绘制并填充风车的底座。使用前面介绍的填充渐变色的方法，设置风车底座渐变色。打开"颜色"面板，将"笔触颜色"设为没有颜色，在"填充颜色"的类型中选择"线性渐变"，使用左侧默认的白色色标，将右侧黑色色标往左拖移一些并双击，在弹出的调色板中选择颜色为浅灰色（#999999），鼠标在浅灰色色标左侧位置单击添加一个色标，颜色为淡灰色（#CCCCCC），具体渐变色设置如图 2-34 所示。

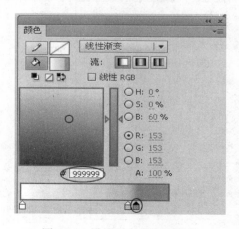

图 2-34 设置风车底座渐变色

提　示

渐变色的设置与调整比较灵活，除了颜色的变化外，色标与色标之间的距离、位置的不同及颜色的不透明度设置均可产生一些特殊效果。

（10）选择工具箱中的"矩形工具" ▭，将光标移到舞台偏左位置，按住鼠标左键不放并拖动，绘制一个矩形，如图 2-35 所示。选中"选择工具" ▸，将光标移动到矩形的右上角，当光标形状变为 ▸ 状态时，按住鼠标左键并向左拖动。同样的方法，将光标移动到矩形的左上角，当光标形状变为 ▸ 状态时，按住鼠标左键并向右拖动，将矩形调整为梯形。使用"线条工具" ＼在梯形的上方绘制一个三角形，并使用"选择工具" ▸ 调整边线弧度，然后使用"颜料桶工具" ◔ 在其中填充咖啡色（#996633），使用"选择工具" ▸ 选中刚才绘制的线条，按 Delete 键删除，选择工具箱中的"矩形工具" ▭，将"笔触颜色"设为没有颜色，"填充颜色"保持原来的咖啡色（#996633）不变，在梯形的上面绘制一个小矩形，至此风车底座的绘制基本完成。

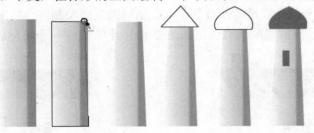

图 2-35　绘制风车底座

2. 使用"椭圆工具"绘制风车和太阳

使用"椭圆工具" ◔ 可以绘制椭圆、正圆、扇形、圆环等基本图形。"椭圆工具" ◔ 与"矩形工具" ▭ 在同一个工具组中，在工具箱中按住"矩形工具" ▭ 不放，在弹出的工具列表中选择"椭圆工具" ◔ 或按快捷键 O 后，打开"属性"面板，可以设置椭圆的"笔触颜色"、"笔触高度"、"笔触样式"、"填充颜色"、"开始角度"、"结束角度"、"内径"等属性，如图 2-36 所示。

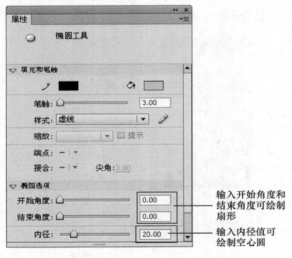

图 2-36　"椭圆工具"的"属性"面板

　　根据需要设置好椭圆工具的属性后，在舞台上拖动鼠标即可绘制出需要的图形，绘制的各种图形如图 2-37 所示。拖动鼠标的同时按 Shift 键不放可以绘制正圆。

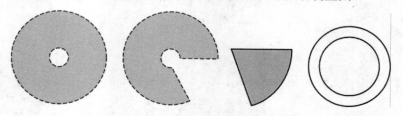

图 2-37　"椭圆工具"绘制的图形

　　接下来通过绘制风车和太阳熟悉"椭圆工具" 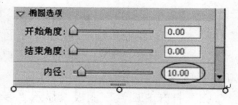 的使用方法。

　　（1）选择"椭圆工具" ，打开"属性"面板，设置椭圆的"填充颜色"为没有颜色，"内径"为 10，如图 2-38 所示。将光标移动到风车底座的偏上位置，在按住 Shift+Alt 键的同时按住鼠标左键并拖动，从起点作为中心绘制空心正圆，如图 2-39 所示。

图 2-38　椭圆的属性设置

　　（2）使用"线条工具" 绘制四根经过圆心的直线，制作风车的扇叶，如图 2-40 所示。

　　（3）使用"选择工具" 选中多余的线条，按 Delete 键删除，删除多余的线条后的风车如图 2-41 所示。

图 2-39　绘制空心正圆

图 2-40　绘制风车扇叶

图 2-41　删除多余线条

　　（4）选择工具箱中的"颜料桶工具" ，将"填充颜色"设为亮绿色（#99CC00），单击风扇叶填充颜色，效果如图 2-42 所示。

　　（5）接下来绘制并填充太阳。打开"颜色"面板，将"笔触颜色"设为没有颜色，在"填充颜色"的类型中选择"径向渐变"，双击渐变条左侧色标，在弹出的调色板中选择颜色为红色（#FF3300），双击右侧的色标，在弹出的调色板中选择颜色为橙色（#FF9933），具体渐变色设置如图 2-43 所示。

　　（6）选择工具箱中的"椭圆工具" ，在其"属性"面板中设置椭圆的"开始角度"、"结束角度"、"内径"均为 0，然后在按住 Shift 键的同时，在舞台的右上角绘制一个正圆。如图 2-44 所示为绘制好的太阳。

 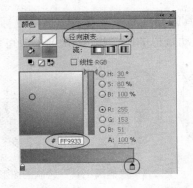 

图 2-42　填充风车扇叶　　　　图 2-43　设置太阳渐变色　　　　图 2-44　绘制太阳

3. 使用 "多角星形工具" 绘制小花

"多角星形工具" 　与 "矩形工具" 　、椭圆工具" 　在同一个工具组中。使用 "多角星形工具" 　，可以绘制多边形和星形。下面利用 "多角星形工具" 　绘制星星后稍作修改制作小花。

（1）在工具箱中按住"矩形工具" 　不放，在弹出的工具列表中选择"多角星形工具" 　，如图 2-45 所示。

（2）打开"属性"面板，显示"多角星形工具" 　的属性，设置"笔触颜色"为黑色，"填充颜色"保持前面设置的太阳渐变色，如图 2-46 所示，单击"工具设置"选项卡下的 选项... 按钮，将弹出如图 2-47 所示的"工具设置"对话框，设置"样式"为"星形"，"边数"和"星形顶点大小"为默认设置不变。

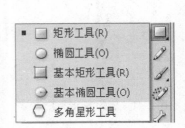 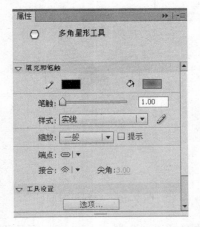 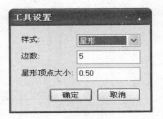

图 2-45　选择"多角星形工具"　图 2-46　"多角星形工具"的"属性"面板　图 2-47　"工具设置"对话框

 提　示

　　　"星形顶点大小"中的数值越小其星形的顶角越小，反之亦然。

（3）在舞台上拖动鼠标绘制一个五角星，如图 2-48 所示。在工具箱中单击"选择工具" 　，将鼠标移至五角星的每条线上，当光标形状变为 　状态时，按住鼠标左键拖动，调整线条弧度，调整好后使用"选择工具" 　选中轮廓线，按 Delete 键删除线条，即可制作如图 2-49

所示的小花。使用同样的方法，选择不同的颜色可以绘制多朵大小不一的小花。使用"任意变形工具" 💢 将花朵缩放后放置在草地的不同位置，最终放置小花后的"田野风光"场景如图 2-50 所示。最后将文档保存。

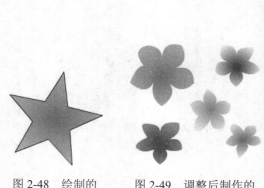

图 2-48　绘制的　　　图 2-49　调整后制作的　　　　图 2-50　放置小花后的
　　　五角星　　　　　　　　　多朵小花　　　　　　　　　　"田野风光"场景

三、知识进阶

1. "基本矩形工具"的使用

"基本矩形工具" ▢ 与"矩形工具" ▢、椭圆工具" ◯ 在同一个工具组中。在工具箱中按住"矩形工具" ▢ 不放，在弹出的如图 2-45 所示的工具列表中选择"基本矩形工具" ▢。该工具的"属性"面板和使用方法与"矩形工具" ▢ 基本相同，与"矩形工具" ▢ 的不同主要表现在以下两点。

（1）使用"基本矩形工具" ▢ 绘制的矩形，利用"选择工具" ▶ 拖动其边角上的节点，可以改变矩形的圆角弧度，如图 2-51 所示。

（2）选中用"基本矩形工具" ▢ 绘制的矩形后，可以通过其"属性"面板改变矩形的圆角弧度，如图 2-52 所示。而使用"矩形工具" ▢ 绘制的圆角矩形只能在绘制前设置，绘制好后不能改变其圆角弧度。

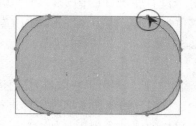

图 2-51　改变矩形的圆角弧度

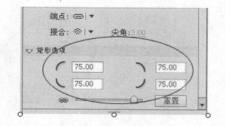

图 2-52　"基本矩形工具"的"属性"面板

2. "基本椭圆工具"的使用

"基本椭圆工具" ◯ 与"矩形工具" ▢、"椭圆工具" ◯ 在同一个工具组中。在工具箱中按住"矩形工具" ▢ 不放，在弹出的如图 2-45 所示的工具列表中选择"基本椭圆工具" ◯。该工具的"属性"面板和使用方法与"椭圆工具" ◯ 基本相同，所不同的是，使用"基本椭圆工具" ◯ 绘制的椭圆，利用"选择工具" ▶ 拖动其椭圆外围的节点，可将椭圆变为扇形，或改变扇形的开始角度和结束角度，如图 2-53 所示。

　　利用"选择工具" ➤ 拖动椭圆内部的节点，可将椭圆变为空心圆，或改变空心圆的内径大小，如图 2-54 所示。另外选中用"基本椭圆工具" ◯ 绘制的椭圆后，可以通过其"属性"面板改变椭圆的开始角度和结束角度以及内径。而使用"椭圆工具" ◯ 绘制的椭圆不能做到这一点。

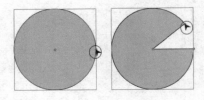
图 2-53　将椭圆变为扇形

图 2-54　将椭圆变为空心圆

　　3. "墨水瓶工具"的使用

　　使用"墨水瓶工具" ◈ 可以改变矢量图形轮廓线的笔触颜色、笔触高度、笔触样式等属性，还可以为没有轮廓线的图形添加轮廓线，其属性面板与"线条工具 ＼"属性面板相似，如图 2-55 所示。另外，它与"颜料桶工具" ◈ 一样，也可以使用纯色、渐变色或位图填充线条，如图 2-56 所示为将杯子的内边沿的笔触颜色改为色谱渐变。

图 2-55　"墨水瓶工具"的"属性"面板

图 2-56　改变杯子的线条属性

图 2-57　给图形添加轮廓线

对于没有轮廓线的图形，用"墨水瓶工具" ◈ 单击图形，则为该图形添加了轮廓线，如图 2-57 所示。

　　4. "滴管工具"的使用

　　"滴管工具" ✐ 用于获取舞台上任何位置的色块、位图、线条和文字的属性进行采样，然后将采样的属性应用于其他对象。

　　（1）选择工具箱中的"滴管工具" ✐，当光标移动到在需要被采样的轮廓线时鼠标形状变为 ✐ 时，单击鼠标左键获取该处的颜色属性，此时"滴管工具" ✐ 自动切换成"墨水瓶工具" ◈，在其他线条上单击即可将采样的属性应用于这些线条，如图 2-58 所示。

　　（2）选择工具箱中的"滴管工具" ✐，当光标移动到在需要被采样的填充区域时鼠标形状变为 ✐，单击鼠标左键获取该处的颜色属性，如图 2-59 所示。

图 2-58　获取轮廓线的颜色属性并应用于其他线条　　　图 2-59　获取填充色

（3）此时"滴管工具" ![] 立即切换成"颜料桶工具" ![]，且在其左侧出现一个"锁定"标志，如图 2-60 所示。这表示颜料桶工具处于锁定填充模式，在填充渐变色和位图时，应单击工具箱选项区中的"锁定填充"按钮 ![] 取消锁定填充模式，然后将光标移动到图形的其他封闭区域并单击，即为这些区域填充采样的颜色，如图 2-61 所示。

图 2-60　"锁定"标志　　　　　　　　　图 2-61　填充采样的颜色

（4）另外，使用"滴管工具" ![] 还可以采样位图和文本。若要采样文本，可使用"选择工具" ![] 选中要修改属性的文本，然后选"滴管工具" ![]，并将光标移动到要采样的文本上，当光标呈 ![] 形状时单击即可应用所采样的文本属性。

任务 3　绘制"田野风光"场景中的云朵、树和小路

一、任务说明

本任务主要通过绘制"田野风光"场景中的云朵、树和小路等图形，熟悉并掌握 Flash CS6 中的"铅笔工具"、"钢笔工具"、"部分选取工具"、"添加锚点工具"、"删除锚点工具"和"转换锚点工具"的使用方法。

二、任务实施

1. 使用"铅笔工具"绘制"田野风光"场景中的云朵、树和小路

"铅笔工具" ![] 是绘制图形的基本工具，选择"铅笔工具" ![] 后鼠标箭头变成铅笔形状 ![]，按住鼠标左键在工作区中移动即可绘制任意形状的线条和图形，如同使用铅笔在纸上绘图一样。"铅笔工具"的属性面板如图 2-62 所示，可以设置笔触的颜色、线条的粗细和线条的样式等。

图 2-62　"铅笔工具"的属性面板

在工具箱中选择"铅笔工具" ![] 后，工具箱的选项区会出现"铅笔模式"按钮 ![]。单击该按钮弹出如图 2-63 所示的下拉菜单，根据需要在菜单中选择"伸直"、"平滑"或"墨水"绘图模式。"伸直"模式用于绘制直线，并可以将接近三角

形、椭圆、圆形、矩形和正方形的形状转换为这些常见的几何形状。"平滑"模式用于绘制平滑曲线。"墨水"模式绘制的线条不加任何修饰，近似于徒手绘画的效果。如图 2-64 所示为使用这三种铅笔模式绘制的图形。

图 2-63　铅笔模式

图 2-64　使用三种铅笔模式绘制的图形

图 2-65　使用铅笔工具绘制云朵

下面通过绘制云朵、树熟悉"铅笔工具" 🖉 的使用方法。

（1）打开前面保存的"田野风光"文档，单击"时间轴"面板左下方的"插入图层"按钮，在"图层 2"上新建一个"图层 3"，将要绘制的云朵、树和小路图形放在单独的一个"图层 3"上。

（2）在工具箱中选择"铅笔工具" 🖉 后，选择工具箱选项区的"铅笔模式"为"平滑" S，在"铅笔工具"的属性面板中将其平滑度设为 100，使用"铅笔工具" 🖉 在场景中绘制几个大小、形状不一的云朵，如图 2-65 所示，并可使用"选择工具" ▸ 作适当的调整。

（3）选择"颜料桶工具" 🖫 后，单击工具箱中的"填充颜色"按钮，在打开的调色板中选择颜色为白色（#FFFFFF），将 Alpha 值设置为 80%，为各个云朵填充半透明白色，最后将云朵外面的轮廓线删除，将其放置在场景上部的天空中，其场景效果如图 2-66 所示。

（4）继续使用"铅笔工具" 🖉 并选择"铅笔模式"为"墨水" 🖎，在场景中绘制如图 2-67 所示的几个大小、形状不一的树的轮廓。

图 2-66　放置云朵后的"田野风光"场景

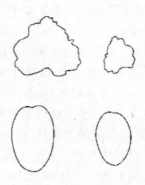

图 2-67　绘制树的轮廓

（5）然后选择"颜料桶工具" 🪣，单击工具箱中的"填充颜色"按钮🎨，在打开的调色板中选择不同深浅的绿色（如#669933，#66CC00），为树填充颜色，再将树的轮廓线删除。

（6）单击工具箱中的"填充颜色"按钮🎨，在打开的调色板中选择填充颜色为棕色（如#663300），使用"刷子工具" 🖌️绘制树干，并使用"任意变形工具" ▦适当缩放树的大小，将其放置在场景中，其场景效果如图2-68所示。

图2-68 放置树后的"田野风光"场景

2. 使用"钢笔工具"绘制"田野风光"场景中的小路

使用"钢笔工具" 🖊️可以绘制精确的路径，如直线或者平滑流畅的曲线，并可以创建直线段或曲线段，然后调整直线段的角度和长度及曲线段的斜率。下面使用"钢笔工具" 🖊️来绘制"田野风光"场景中的小路。

（1）选择"图层3"将其作为当前图层，单击工具箱中的"钢笔工具" 🖊️按钮，移动鼠标到小屋门前，当光标呈🖊️形状时单击鼠标确定一个起始锚点（以小圆圈显示），然后沿门前山坡向下的位置按住鼠标不放拖动，并通过调节柄控制方向绘制一条曲线路径。

（2）使用同样方法继续沿山坡到右下角绘制曲线段，到达场景右下角后折回继续绘制至小屋门前与起始锚点闭合，形成一个封闭的曲线路径，如图2-69所示。

（3）按Esc键或选择工具箱中的任意工具结束曲线路径的绘制。如果对绘制的效果不满意，可以使用"部分选取工具" ▶进行调整。

（4）选择工具箱中的"颜料桶工具" ，将"填充颜色"设为白色（#FFFFFF），单击绘制的小路路径封闭区域填充白色。至此"田野风光"场景基本绘制完成，最终的效果如图 2-70 所示。最后将文档保存。

图 2-69　绘制小路的路径　　　　　　　图 2-70　绘制好的"田野风光"场景

三、知识进阶

1. "部分选取工具"的使用

"部分选取工具" 是修改和调整路径非常有效的工具。利用"部分选取工具" 可以显示钢笔、铅笔或刷子等工具绘制的线条或图形轮廓上的锚点，还可以方便地移动锚点位置和调整曲线的弧度。具体使用方法如下。

（1）在工具箱中单击"部分选取工具" 或按快捷键 A，然后将光标移动到需要调整的线条或图形轮廓上并单击，即可显示该线条或图形轮廓上的所有锚点，如图 2-71 所示。

（2）将光标移动到锚点上，按住鼠标左键并拖动可移动锚点的位置，改变图形形状，如图 2-72 所示。

（3）单击曲线锚点，在其两侧会出现一个调节杆，将光标移动到调节杆两端的调节柄上，按住鼠标左键并拖动可调整曲线的弧度，如图 2-73 所示。在拖动的同时按住 Alt 键，可单独调整一侧的调节杆。

  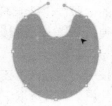

图 2-71　单击显示线条或　　图 2-72　移动锚点并　　图 2-73　调整曲线的弧度
　　　图形轮廓的锚点　　　　　　改变形状

2. "添加锚点工具"的使用

"添加锚点工具" 与"钢笔工具" 在同一个工具组中，利用"添加锚点工具" 可以在现有路径上添加锚点，从而可更灵活地调整图形形状。

3. "删除锚点工具"

利用"删除锚点工具" 可以删除锚点。选择"删除锚点工具" 后，将光标移至希望删除的锚点上，当光标呈 形状时单击鼠标，即可删除锚点，一旦删除锚点，其形状会发生变化。

4. "转换锚点工具"的使用

"转换锚点工具" 与"钢笔工具" 在同一个工具组中，利用"转换锚点工具" 可以实现曲线锚点和直线锚点之间的切换，具体使用方法如下。

（1）选择"转换锚点工具" ，将光标移至直线锚点上，按住鼠标左键并拖动可将直线锚点转换为曲线锚点，如图 2-74 所示。

（2）利用"转换锚点工具" 拖动曲线锚点上的调节杆，可单独调整一边曲线的弧度，如图 2-75 所示。

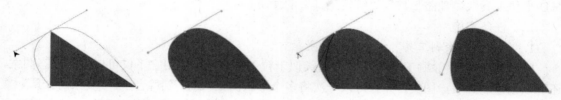

图 2-74　将直线锚点转换为曲线锚点　　　图 2-75　单独调整一边曲线的弧度

（3）选择"转换锚点工具" ，将光标移至曲线锚点上并单击，可将曲线锚点转换为直线锚点，如图 2-76 所示。

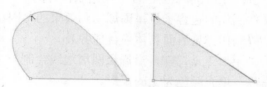

图 2-76　将曲线锚点转换为直线锚点

5. "刷子工具"的使用

"刷子工具" 的绘制效果和日常生活中使用的刷子类似，它可以绘制出刷子般的线条和填充封闭的区域。"刷子工具" 绘制的线条，与"铅笔工具" 绘制的单一实线有所不同，它实际上是轮廓线粗细为 0 的色彩填充区域。在使用"刷子工具" 与"铅笔工具" 进行绘制的时候按住 Shift 键，均可绘制出水平或垂直的线条或填充区域。使用"刷子工具" 绘制的填充颜色可以是纯色、渐变色或位图。在工具箱中单击或按快捷键 B 选择"刷子工具" 后，在工具箱下方的选项区会出现"对象绘制"按钮 、"刷子模式"按钮 、"锁定填充"按钮 、"刷子大小"下拉列表 、"刷子形状"下拉列表 ，如图 2-77 所示。可根据需要在其中选择合适的刷子大小、形状和刷子模式等，如图 2-78 所示为几种不同的"刷子模式"。

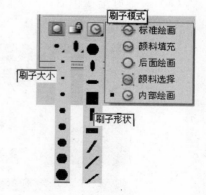

图 2-77　"刷子工具"的选项区

"标准绘画"　　"颜料填充"　　"后面绘画"　　"颜料选择"　　"内部绘画"

图 2-78　各种刷子模式

任务 4　绘制"梦幻夜景"中的星星、水晶球、建筑物、树等图形

一、任务说明

本任务主要通过绘制"梦幻夜景"中的星星、水晶球、建筑物、树等图形，熟悉并掌握
Flash CS6 中的"喷涂刷工具"、"Deco 工具"的使用方法，并通过例子熟悉"3D 旋转工具"、
"3D 平移工具"、"骨骼工具"、"绑定工具"的使用。

二、任务实施

1．使用"喷涂刷工具"绘制闪烁的星星

Flash 中的"喷涂刷工具" 🔳 的作用类似于粒子喷射器，使用它不仅可以创建静态图案，
还可以创建动画喷涂图案，并且可以一次将多个形状图案"刷"到舞台上。"喷涂刷工具" 🔳
默认使用当前选定的填充颜色喷射粒子点，利用其属性面板可以将库中的任何影片剪辑或图
形元件作为"粒子"图案使用。下面通过例子来熟悉"喷涂刷工具" 🔳 的使用方法。

（1）打开教材配套光盘"素材与实例/项目 2/梦幻夜景/群星闪烁素材.fla"文档，并另存
该文件名为"梦幻夜景"。此文档的库中已包含了预先制作好的一个"星星"图形元件，还有
一个利用"星星"图形元件制作的包含了星星闪烁动画效果的"闪星"影片剪辑元件（关于
图形元件和影片剪辑元件的制作详见后面具体项目任务）。

（2）在工具箱中单击"矩形工具" 🔲，沿舞台四周边线绘制一个笔触高度为 1、笔触样
式为实线、笔触颜色为黑色、填充颜色为无的矩形。

（3）选择工具箱中的"颜料桶工具" 🎨，打开"颜色"面板，在"填充颜色"的类型中
选择"线性渐变"，分别双击渐变条左侧和右侧的色标，在弹出的调色板中均选择颜色为黑色
（#000000），单击渐变条添加青色色标（#00FFFF）和蓝色色标（#0000FF），具体渐变色设置
如图 2-79 所示。

（4）设置好渐变色后，将光标移动到"梦幻夜景"中，从上至下拖动鼠标填充渐变，如
图 2-80 所示。使用"选择工具" 🔺 在矩形上双击，按 Delete 键删除矩形轮廓线。

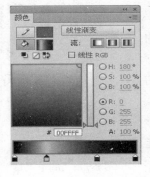

图 2-79　设置背景渐变色

图 2-80　填充渐变色背景

（5）单击"时间轴"面板左下方的"插入图层"按钮，在"图层 1"上新建一个"图层 2"，并分别双击"图层 1"和"图层 2"重命名为"背景"和"闪星"，如图 2-81 所示。

（6）选择工具箱中的"喷涂刷工具"，在"喷涂刷工具"属性面板中单击"编辑"按钮，如图 2-82 所示，打开"选择元件"对话框，如图 2-83 所示，选中已制作好的"闪星"影片剪辑元件，单击"确定"按钮。回到"喷涂刷工具"属性面板中，可以对"喷涂刷工具"的喷涂方式、效果和画笔进行相应的设置，本例中选择"随机缩放"选项，并调整缩放宽度为 50%，画笔宽度和高度均为 200 像素。

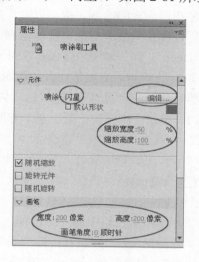

图 2-81　重命名图层

图 2-82　"喷涂刷工具"属性面板

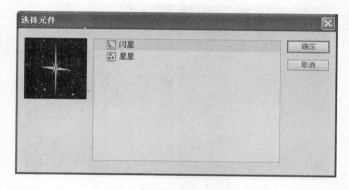

图 2-83　"选择元件"对话框

（7）使用"喷涂刷工具"在舞台上要显示图案的位置单击或拖动，即可非常方便地制作群星闪烁的动画效果，按 Ctrl+Enter 组合键测试影片浏览动画效果，如图 2-84 所示。

图 2-84　应用"喷涂刷工具"制作的"群星闪烁"

2. 使用"Deco 工具"绘制"藤蔓式填充水晶球"、建筑物、花、树等图形

"Deco 工具"与 ✏ "喷涂刷工具" 🔳 有类似的作用。使用"Deco 工具" ✏ 可以快速完成大量相同元素的绘制，也可以制作出很多复杂的图案。将其与图形元件和影片剪辑元件配合，可以制作出效果更加丰富的动画效果。

"Deco 工具" ✏ 是在 Flash CS4 版本中首次出现的，在 Flash CS6 中大大增强了"Deco 工具" ✏ 的功能，增加了众多的绘图工具，使得绘制丰富背景变得方便而快捷。下面通过绘制"藤蔓式填充水晶球"、建筑物、树、花等图形来熟悉"Deco 工具" ✏ 的使用。

（1）单击"时间轴"面板左下方的"插入图层"按钮 ⬚，在"闪星"图层上新建一个"图层 1"，并双击"图层 1"重命名为"水晶球"。

（2）在工具箱中选择"椭圆工具" ◯，在"属性"面板中设置椭圆的"填充颜色"为没有颜色，笔触颜色为黑色，其他为默认设置，按住 Shift 键在舞台上方的中间位置拖动鼠标绘制一个正圆形。

（3）选择工具箱中的"颜料桶工具" 🪣，打开"颜色"面板，在"填充颜色"的类型中选择"径向渐变"，分别双击渐变条左侧和右侧的色标，在弹出的调色板中选择颜色为青色（#00CCFF）和蓝色色标（#0000FF），在舞台上的正圆形球中单击填充渐变，如图 2-85 所示。

图 2-85　填充渐变色的球

（4）在工具箱中选择"Deco 工具" ✏，在舞台右侧的"Deco 工具" ✏ 属性面板的"绘制效果"中选择"藤蔓式填充"，如图 2-86 所示。

（5）在"Deco 工具"的属性面板中，单击"树叶"选项后的"编辑"按钮下的"颜色"按钮，在打开的调色板中选择浅青色（#99FFFF）。单击"花"选项后的"编辑"按钮，在弹出的"选择元件"对话框中选择预先定义好的影片剪辑元件"闪星"，并设置图案缩放为 70%，段长度为"6"像素，如图 2-87 所示。使用"Deco 工具" ✏ 在舞台上的圆球中单击填充藤蔓式图形，填充后的效果如图 2-88 所示。

（6）使用工具箱中的"选择工具" ▸，鼠标移至球的轮廓线单击后按 Delete 键删除线条。

（7）单击"水晶球"图层的第 1 帧即选中球和藤蔓式填充图形，然后按 F8 键，弹出"转换为元件"对话框，将其转换为"影片剪辑"，设置"名称"为"水晶球"，如图 2-89 所示。

（8）单击"水晶球"影片剪辑元件，在其属性面板中的"样式"中选择"Alpha"，并设置"Alpha"值为 60%，设置后可看到球体具有了透明的效果，至此"藤蔓式填充"的水晶球制作完成。

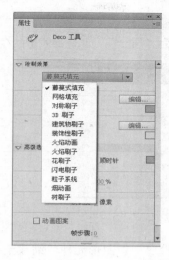

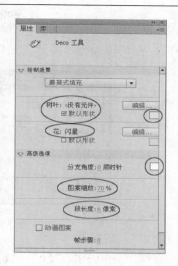

图 2-86 "Deco 工具"的属性面板　　　　图 2-87 调整设置后的"Deco 工具"属性面板

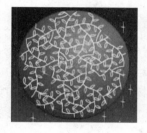

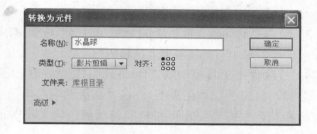

图 2-88 "藤蔓式填充"后的球　　　　图 2-89 "转换为元件"对话框

（9）接下来为"梦幻星空"场景添加建筑物、花和树等图形。单击"时间轴"面板上的"插入图层"按钮，在"水晶球"图层上新建一个"图层 1"，并双击"图层 1"重命名为"房子"。

（10）在工具箱中选择"Deco 工具"，在如图 2-86 所示的属性面板的"绘制效果"中选择"建筑物刷子"，在"高级选项"中选择一种样式，本例选择"随机选择建筑物"，建筑物大小默认为"1"，如图 2-90 所示。

（11）设置后在舞台左侧自下而上绘制几个建筑物，建筑物大小可以自由调试，范围为 1~10，绘制好的效果如图 2-91 所示。

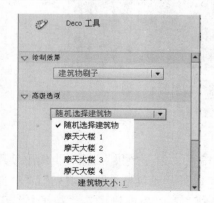

图 2-90 选择"建筑物刷子"的"Deco 工具"属性面板　　　　图 2-91 绘制的建筑物

（12）单击"房子"图层的第 1 帧即选中绘制的建筑物，然后按 F8 键，弹出"转换为元件"对话框，将其转换为"图形"元件，设置"名称"为"房子"，如图 2-92 所示。

图 2-92　转换为"图形"元件

（13）选择工具箱中的"任意变形工具" ，单击"房子"图形元件，缩放至合适的大小，并在其属性面板中的"样式"中选择"Alpha"，设置"Alpha"值为 60%，使其有些模糊的感觉。

（13）单击"时间轴"面板上的"插入图层"按钮 ，在"房子"图层上新建一个"图层 1"，并双击"图层 1"重命名为"花和树"。

（14）继续使用工具箱中的"Deco 工具" ，在如图 2-87 所示的属性面板的"绘制效果"中选择"树刷子"、"花刷子"，在"高级选项"中选择树和花的形状样式后在舞台上绘制各种树和花，根据需要还可对树和花的颜色、大小等值进行调整，最终绘制好的效果如图 2-93 所示。

图 2-93　"梦幻夜景"效果图

三、知识进阶

1. "Deco 工具"的使用

在 Flash CS6 中的"Deco 工具" 中提供了 13 种"绘制效果"，除了上例中使用的"藤蔓式填充"、"建筑物刷子"、"花刷子"、"树刷子"以外，还包括"网格填充"、"对称刷子"、"3D 刷子"、"装饰性刷子"、"火焰动画"、"火焰刷子"、"闪电刷子"、"粒子系统"和"烟动画"。

（1）藤蔓式填充。利用"藤蔓式填充"效果，可以用藤蔓式图案填充舞台、元件或封闭区域。通过从库中选择元件，可以替换叶子和花朵的插图。生成的图案将包含在影片剪辑中，而影片剪辑本身包含组成图案的元件，如图 2-94 所示为藤蔓式图案填充舞台的效果。

图 2-94　藤蔓式图案填充舞台　　　　　　图 2-95　"网格填充"效果

（2）网格填充。利用"Deco 工具"属性面板中的"网格填充"并进行相应的编辑设置，可以把基本图形元素复制，并有序地排列到整个舞台上，产生类似壁纸的效果，如图 2-95 所示。

（3）对称刷子。使用"对称刷子"填充效果，可以围绕中心点对称排列元件，如图 2-96 所示。在舞台上绘制元件时，将显示手柄，使用手柄增加元件数、添加对称内容或者修改效果，来控制对称效果。使用对称刷子效果可以创建圆形用户界面元素（如模拟钟面或刻度盘仪表）和旋涡图案。

（4）装饰性刷子。通过应用装饰性刷子效果，可以绘制装饰线，如点线、波浪线及其他线条，如图 2-97 所示。可根据个人喜好与追求的效果自行选择，同时还可以设置装饰线图案的颜色、大小和宽度。

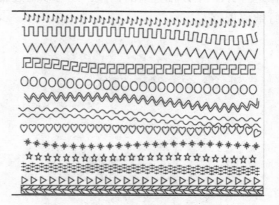

图 2-96　"对称刷子"填充效果　　　　　　图 2-97　"装饰性刷子"填充效果

（5）其余刷子。在"Deco 工具"属性面板的"绘制效果"中选择"3D 刷子"，可以在舞台上对某个元件的多个实例涂色，使其具有 3D 透视效果。使用"火焰动画"刷子可以创建程序化的逐帧火焰动画。使用"烟动画"刷子可以创建程序化的逐帧烟动画。借助"火焰刷子"，可以在时间轴的当前帧中的舞台上绘制火焰。通过"闪电刷子"，可以创建闪电效果，而且还可以创建具有动画效果的闪电。使用"粒子系统"刷子，可以创建火、烟、水、气泡及其他效果的粒子动画。利用"建筑物刷子"可以直接在舞台上绘制建筑物。利用"花刷子"和"树刷子"可以绘制不同形状、颜色、大小的花和树。

2．3D 旋转工具的使用

使用"3D 旋转工具" 🔄 可以在 3D 空间中将选取的对象进行 X、Y、Z 轴的相应旋转。但其旋转功能只能对影片剪辑发生作用。

（1）选择工具箱中的"文本工具" **T**，在其属性面板中选择"静态文本"，字体为"Rosewood Std"、颜色为"蓝色"、大小为"96 点"，鼠标单击舞台输入文字"FLASH"。

（2）使用工具箱中的"选择工具" ▶️，然后按 F8 键，弹出"转换为元件"对话框，将其转换为"影片剪辑"，设置"名称"为"立体文字"，转换的影片剪辑元件如图 2-98 所示。

（3）使用"选择工具" ▶️ 选中影片剪辑，单击工具箱中的"3D 旋转工具" 🔄，这时在图像中央会出现一个类似瞄准镜的图形，十字的外围是两个圈，并且它们呈现不同的颜色，当鼠标移动到红色的中心垂直线时，鼠标右下角会出现一个"X"，如图 2-99 所示。当鼠标移动到绿色水平线时，鼠标右下角会出现一个"Y"，如图 2-100 所示。当鼠标移动到蓝色圆圈时，鼠标右下角又出现一个"Z"，如图 2-101 所示。当鼠标移动到橙色的圆圈时，可以对图像进行 X、Y、Z 轴的综合调整。

图 2-98 "立体文字"影片剪辑元件

图 2-99 旋转 X 轴

"3D 旋转工具"的属性面板如图 2-102 所示。通过属性面板的"3D 定位和查看"可以对图像进行 X、Y、Z 轴数值的调整。还可以通过属性面板对图像的"透视角度"和"消失点"进行数值调整。

图 2-100 旋转 Y 轴

图 2-101 旋转 Z 轴

图 2-102 "3D 旋转工具"的属性面板

3．3D 平移工具的使用

"3D 平移工具" ⚒ 与 "3D 旋转工具" ⚙ 一样也是针对影片剪辑元件而起作用的，使用 "3D 平移工具" ⚒ 可以在 3D 空间中移动影片剪辑，如图 2-103 所示。

红色为 X 轴，可以对 X 轴横向轴进行调整。绿色为 Y 轴，可以对 Y 轴纵向轴进行调整。中间的黑色圆点为 Z 轴，可以对 Z 轴进行调整。"3D 平移工具" 的属性面板，与 "3D 旋转工具" 的属性面板有些类似，如图 2-104 所示。也可以通过属性面板中的 "3D 定位和查看" 来调整图像的 X 轴、Y 轴、Z 轴的数值。通过调整属性面板中的 "透视角度" 数值，调整图形在舞台中的位置。通过调整属性面板中的 "消失点" 数值，可以调整图形中的 "消失点"。

图 2-103　"3D 平移工具"

图 2-104　"3D 平移工具" 的属性面板

4．骨骼工具的使用

Flash 中的 "骨骼工具" ⚒ 可以像 3D 软件一样，为动画角色添加上骨骼，可以很轻松地制作各种动作的动画。下面以 "人走路" 为例说明使用 "骨骼工具" 的一般操作步骤。

（1）使用工具箱中的 "椭圆工具" ⚪ 和 "线条工具" ＼ 绘制人物的头，使用 "矩形工具" ▢ ，在其属性面板中设置圆角绘制人物的身体、腰和四肢，并将绘制的人体各部位图形转换为 "图形元件" 或 "影片剪辑元件"，如图 2-105 所示。

图 2-105　创建人体各部位的 "图形元件"

（2）使用 "任意变形工具" ▦ 调整人体各部位的中心点位置，如图 2-106 所示。

（3）使用 "骨骼工具" ⚒ 从头颈处将鼠标拖移连接身体各个部位，如图 2-107 所示。当全部连接好骨骼后，在"图层 1"中已经没有了图形，图形全部被转移到了"骨架"的图层中。

（4）此时使用"选择工具" 就可以对人物的姿势进行调整了。调整过程中可以发现，人物的各部位只能在骨骼范围内移动或旋转，如图 2-108 所示。可以使用"选择工具" 选择要修改的骨骼连接，在"属性"面板中对角色的四肢进行角度的设定。还可以使用"部分选取工具" 调节骨骼的长短和位置。

图 2-106　调整中心点　　　　图 2-107　连接骨骼　　　　图 2-108　调整角色

 提 示

只有 ActionScript 3.0 以上版本的 ActionScript 才支持"3D 平移工具" 、"3D 旋转工具" 、"骨骼工具" 及"绑定工具" 。

5. 绑定工具的使用

Flash CS6 中提供了骨骼功能，可以方便地为"图形元件"、"影片剪辑元件"和普通的"图形"添加骨骼。而"绑定工具"，是针对"骨骼工具"为单一"图形"添加骨骼的。

"绑定工具"的基本使用方法如下。

（1）绘制一个矩形，并使用"骨骼工具" 为其添加骨骼，如图 2-109 所示。利用"选择工具"可以使图形沿着骨骼运动，如图 2-110 所示。

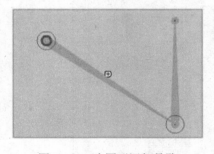　　　　　　　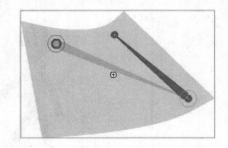

图 2-109　为图形添加骨骼　　　　　　图 2-110　骨骼运动

（2）选中工具箱中的"绑定工具" ，选择骨骼点一端，选中的骨骼呈红色，按下鼠标左键不放，向矩形边线黄色控制点移动，拖动过程中会显示一条黄色的线段，如图 2-111 所示。

（3）当骨骼点与控制点连接后，就完成了绑定连接的操作，利用"选择工具"移动骨骼点，则图形沿骨骼点及绑定点运动，如图 2-112 所示。

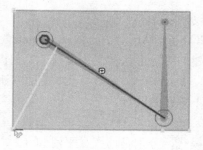

图 2-111 为图形添加绑定

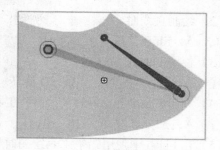

图 2-112 绑定后运动效果

可以单一骨骼绑定单一的端点，端点呈方块显示。也可以多个骨骼绑定单一的端点，端点呈三角显示。

📺 项目总结

本项目主要是通过"田野风光"和"梦幻夜景"场景制作，让读者熟悉 Flash CS6 中的绘画和着色工具及选择和调整工具的使用，特别是"线条工具"、"选择工具"和"颜料桶工具"、"矩形工具"、"椭圆工具"、"铅笔工具"、"钢笔工具"、"Deco 工具"等的使用方法。另外，在学习这些工具的使用时特别要注意以下几点。

（1）在 Flash 中绘制的矢量图形包括轮廓线和填充两部分组成元素，可以分别对其进行调整。

（2）在绘制图形轮廓线时，各线条之间要交接好，以方便使用"颜料桶工具" 🪣 为不同的封闭区域填充颜色。

（3）有些看似简单的工具，只要巧妙应用，便能绘制出生动的图形。例如，"线条工具" ＼ 看似只能绘制直线，但与"选择工具" ▶ 配合使用后可绘制出几乎所有能绘制的图形轮廓线。

（4）在使用"颜料桶工具" 🪣 时，除了可以利用工具箱和"属性"面板中的"填充颜色"按钮 🪣▮ 设置所需填充的颜色外，还可以单击"颜色"面板中的"填充颜色"按钮 🪣▮，然后设置需要填充的颜色类型（纯色、位图或渐变色）及颜色。"墨水瓶工具" 🖋 的使用也是如此。

（5）在使用"滴管工具" 🖊 采样填充渐变色时一定要解除"锁定填充"模式，否则无法正常填充渐变色；在采样填充位图时，则可根据具体需要选择是否应用"锁定填充"模式。

（6）因为矢量图形是分散的，所以有时不方便对其进行整体操作，而且图形之间也很容易粘在一起。针对这些情况我们可以采取群组、转换为元件或放置在不同的图层来进行处理。

（7）要绘制出好的图形，除了灵活运用各种工具以外，还需要在平时的生活中多注意观察各种事物，积累知识和经验，多欣赏优秀作品，并从中借鉴。

习　　题

1. 选择题

（1）（　　）工具可以改变绘制图形的线条颜色。

A．颜料桶　　　　B．墨水瓶　　　　　　C．钢笔　　　　　　　D．铅笔

（2）绘制直线时，按住（　　）键，可以绘制出水平直线。

　　A．Shift　　　　　　　B．Alt　　　　　　　　C．Shift+Alt　　　　　　D．Delete

（3）使用 Flash CS6 中的（　　）工具可以将创建的图形形状转变为复杂的几何图案。

　　A．骨骼　　　　　　　B．3D 旋转　　　　　　C．Deco　　　　　　　　D．任意变形

（4）利用 Flash CS6 中的（　　）工具可以选择不规则的区域。

　　A．部分选取　　　　　B．选择　　　　　　　　C．套索　　　　　　　　D．滴管

（5）在 Flash 中使用铅笔工具绘图时有三种铅笔模式，分别是伸直、平滑和（　　）。

　　A．墨水　　　　　　　B．颜料　　　　　　　　C．填充　　　　　　　　D．刷子

（6）按（　　）键可以撤销前面所做的操作。

　　A．Ctrl+Enter　　　　B．Ctrl+Alt+Enter

　　C．Ctrl+Z　　　　　　D．Ctrl+Alt+Z

（7）在工具箱中单击"选择工具" ▶ 按钮或按快捷键（　　）后，在舞台中的对象上单击可选中对象。

　　A．N　　　　　　　　　B．A　　　　　　　　　C．P　　　　　　　　　　D．V

2．填空题

（1）根据图像显示原理的不同，图形可以分为_____和_____。

（2）绘制椭圆时，在拖动鼠标时按住_____键，可以绘制出一个正圆。

（3）使用"颜色"面板可以为图形填充纯色、位图和_____。

（4）使用_____工具可以移动编辑窗口中的显示内容。

（5）在 Flash CS6 中若要设置颜色完全透明，需在颜色面板中改变 Alpha 值为_____。

3．简答题

（1）简述 Flash CS6 中的两种绘制模式。

（2）Flash CS6 中的"工具"面板大致分为几个部分？简要说明各部分的主要功能。

（3）"选择工具"和"部分选取工具"的使用区别是什么？

（4）简单说明"钢笔工具"的使用方法。

（5）如何使用"颜色"面板进行位图填充？

实训　图形的绘制与填充

一、实训目的

（1）掌握 Flash CS6 中的绘图工具的使用方法与技巧。

（2）熟练运用"颜色"面板进行颜色设置。

（3）掌握 Flash CS6 中的色彩工具的使用方法。

（4）掌握 Flash CS6 的绘图工具和色彩工具制作图形并填充颜色。

二、实训内容

（1）熟悉工具箱中的绘图工具和色彩工具的基本设置。

（2）使用工具并借助"历史记录"面板制作简单的图形，熟悉"历史记录"面板的使用。

（3）使用矩形工具、椭圆工具、多角星形工具、铅笔工具、钢笔工具、刷子工具、线条工具、选择工具、墨水瓶工具、颜料桶工具等绘制如图 2-113 所示的五角星、如图 2-114 所示

的树枝和树叶、如图 2-115 所示房子以及如图 2-116 所示的小鸭、如图 2-117 所示的企鹅、如图 2-118 所示的立体球、如图 2-119 所示的蜡笔、如图 2-120 所示的桌球、如图 2-121 所示的瓢虫等卡通图形。

图 2-113　五角星　　　　　图 2-114　树枝和树叶　　　　　图 2-115　房子

图 2-116　小鸭　　　　　图 2-117　企鹅　　　　　图 2-118　立体球

图 2-119　蜡笔　　　　　图 2-120　桌球　　　　　图 2-121　瓢虫

（4）综合使用各种绘图工具创作一幅如图 2-122 所示的美丽夜晚的城市风景图。

图 2-122　夜晚的城市风景图

　　（5）综合使用各种绘图工具创作一幅如图 2-123 所示的包含蓝天、白云、草地、翠绿的山峰、树木、花朵，以及鸭子在水面上欢快游动的卡通风景画。

图 2-123　卡通风景画

项目3 编辑图形与创建文本

🎓 项目描述

在 Flash 动画制作过程中，绘制好的矢量图形还需对其进行编辑、变形、修改、美化等操作，Flash CS6 中提供了一系列相应的工具和菜单命令，用户可通过这些工具和菜单命令对绘制图形进行编辑和变形。本项目主要通过"恭贺新禧"图形的绘制和编辑，引领读者熟悉 Flash CS6 中的选择变换工具和绘图调整工具的使用，掌握选择、移动、复制、排列、对齐、组合对象的操作技巧，熟练掌握变形类工具和"变形"面板的使用技巧，以及"修改"菜单命令的使用和文本、位图对象的处理转换。

👔 项目目标

通过本项目的学习，读者可以对 Flash CS6 中的选择变换工具和绘图调整工具及"变形"面板和"修改"菜单有一个比较全面的了解和认识，并通过实例制作熟悉这些工具和菜单命令的使用方法，同时进一步熟练掌握相应的操作技巧。

任务1 绘制"恭贺新禧"图形中的荷叶、荷花并进行编辑调整

一、任务说明

本任务主要引领读者熟悉 Flash CS6 中的"渐变变形工具"、"任意变形工具"的使用方法，掌握选择、移动、复制、组合、对齐对象的操作技巧，熟练掌握变形工具和"变形"面板的使用技巧。

二、任务实施

1. 绘制"恭贺新禧"图形中的荷叶并重点使用"渐变变形工具"进行调整

"渐变变形工具" 🔳 可以调整对象渐变填充和位图填充的范围、位置和方向等，使对象的填充产生变形，从而使图形的填充效果更加符合实际需要。

使用"渐变变形工具" 🔳 在具体调整线性渐变填充、径向渐变填充和位图填充时的方法略有不同。下面先以绘制荷叶中的径向渐变变形为例，说明渐变变形的实现以及选择、移动和组合对象的操作。

（1）打开教材配套光盘"素材与实例/项目 3/恭贺新禧/恭贺新禧素材.fla"文档，该文档的库中包含了三幅位图，将其中的一幅"背景.jpg"位图图片拖入舞台场景中，居中放置，如图 3-1 所示。

（2）单击"时间轴"面板左下方的"插入图层"按钮 🔳，在"图层 1"上新建一个"图层 2"，为了方便观察可单击"图层 1"的眼睛图标将其隐藏，如图 3-2 所示，将要绘制的荷叶图形放在"图层 2"上。

（3）选择工具箱中的"椭圆工具" ◯，将填充色设为无，笔触颜色设为绿色（#999900），然后在舞台上绘制一个大的椭圆，在大的椭圆中绘制一个小的椭圆，并使用"添加锚点工具"

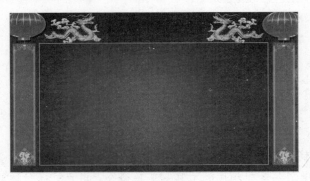

图 3-1 "恭贺新禧"背景图

　、"选择工具" ▶ 或"部分选取工具" ▶ 调整其形状，如图 3-3 所示。

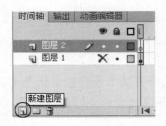

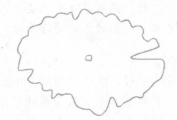

图 3-2 新建"图层 2"　　　　　　　图 3-3 绘制荷叶轮廓线

　　（4）选择工具箱中的"线条工具" ＼，将笔触颜色设为深绿色（#009900），并调整线条的粗细绘制荷叶的叶脉，如图 3-4 所示。

　　（5）在"颜色"面板中设置由绿色（#00FF00）到深绿色（#009900）的径向渐变，然后使用"颜料桶工具" ◇ 填充荷叶的不同封闭区域，效果如图 3-5 所示。

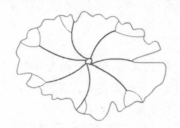

图 3-4 绘制荷叶叶脉　　　　　　　　图 3-5 填充荷叶

　　（6）按住工具箱中的"任意变形工具" ▨ 不放，在弹出的工具列表中选择"渐变变形工具" ▨ ，如图 3-6 所示。

　　（7）使用"渐变变形工具" ▨ 单击其中某一填充区域，由于刚才填充的是径向渐变，此时会出现如图 3-7 所示的渐变控制圆。

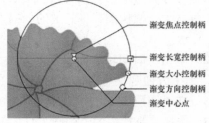

图 3-6 选择"渐变变形工具"　　　　图 3-7 渐变控制圆

（8）将鼠标移至"渐变中心点"并按住向荷叶边缘附近移动，改动渐变的中心点，然后分别拖动"渐变焦点控制柄"、"渐变长宽控制柄"、"渐变大小控制柄"、"渐变方向控制柄"，分别调整渐变的焦点位置、渐变的宽度、缩放其大小和旋转角度，调整渐变填充，如图 3-8 所示。

 提 示

　　只有选择"径向渐变"时，渐变编辑状态才会出现"渐变焦点控制柄"。它是用来控制径向渐变的焦点位置，虽然它只能左右移动，但只要和中心点及方向控制柄进行配合，可实现全方位的焦点移位。

（9）使用同样的方法，调整荷叶其他区域的渐变色。调整好以后的效果如图 3-9 所示。

（10）此时单击"时间轴"面板"图层 2"的第 1 帧，选中该帧上的荷叶，然后选择"修改"→"组合"菜单命令，或者按快捷键 Ctrl+G 将刚才绘制的荷叶进行组合，如图 3-10 所示，此时荷叶组合对象周围会出现一个蓝色边框。

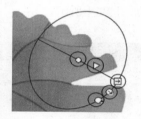  

图 3-8　调整渐变填充　　　图 3-9　调整后的效果图　　　图 3-10　荷叶组合对象

（11）保持荷叶的选中状态，选择"编辑"→"剪切"菜单命令，或者按快捷键 Ctrl+X，单击"图层 1"的眼睛图标将其显示，并单击"图层 1"的第 1 帧，将"图层 1"设为当前图层，选择"编辑"→"粘贴到当前位置"菜单命令，或者按快捷键 Ctrl+Shift+V，将荷叶组合对象移动到"图层 1"的第 1 帧，如图 3-11 所示。

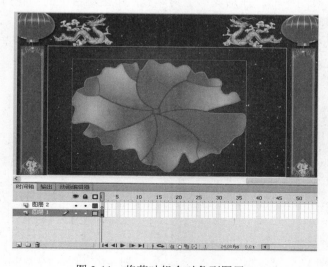

图 3-11　将荷叶组合对象到图层 1

2. 使用"任意变形工具"和"变形"面板绘制"恭贺新禧"图形中的荷花

使用"任意变形工具"██和"变形"面板，可以对舞台上的对象进行缩放、旋转、扭曲等变形操作。"任意变形工具"██可以选择整个对象进行变形，也可以对单个部分进行变形。下面以绘制荷花为例介绍"任意变形工具"██的使用和"变形"面板的具体操作。

（1）单击"时间轴"面板"图层 1"的眼睛图标将"图层 1"隐藏，选择"图层 2"的第 1 帧，单击工具箱中的"线条工具"██，设置笔触颜色为淡灰色（#CCCCCC），绘制线条并使用"选择工具"██调整线条为如图 3-12 所示荷花花瓣的轮廓。也可以使用"椭圆工具"██，设置其填充色为无，绘制椭圆轮廓线后用"选择工具"██调整，同样也可以得到如图 3-12 所示荷花花瓣的轮廓线。

（2）然后在"颜色"面板中设置填充色为白色至洋红（#CC3399）的径向渐变，并选择工具箱中的"颜料桶工具"██为花瓣填充渐变，如图 3-13 所示，也可使用"渐变变形工具"██进行适当的调整。

（3）为了方便操作，可单击"时间轴"面板"图层 2"的第 1 帧，将该帧上的荷花花瓣的轮廓线和填充一起选中，执行"修改"→"转换为元件"菜单命令或按快捷键 F8，弹出"转换为元件"对话框，将花瓣图形转换为"花瓣"影片剪辑元件，如图 3-14 所示。

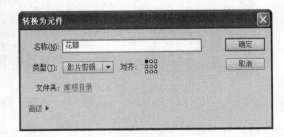

图 3-12　绘制荷花　　　图 3-13　为花瓣　　　　图 3-14　转换为"花瓣"

花瓣轮廓线　　　　　填充渐变　　　　　　　影片剪辑元件

（4）然后选择工具箱中的"任意变形工具"██，单击舞台上的"花瓣"元件，此时会出现如图 3-15 所示的变形框。

（5）将光标移动到变形框中的"变形中心点"小圆圈上，将该中心点拖移至花瓣变形框外下面位置，如图 3-16 所示。

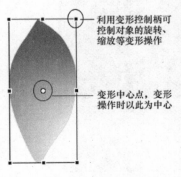

图 3-15　变形框　　　　　图 3-16　调整"变形中心点"位置

（6）执行"窗口"→"变形"菜单命令或按快捷键 Ctrl+T，打开"变形"面板，选择"旋转"单选按钮，并在"旋转"文本框内输入旋转角度"60"，如图 3-17 所示。

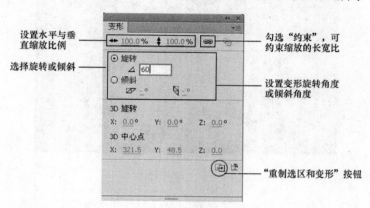

图 3-17　"变形"面板

（7）然后单击"变形"面板中的"重制选区和变形"按钮 5 次，每按一次花瓣被变形复制一个，执行完成后的荷花效果如图 3-18 所示。

（8）至此，荷花的 6 个花瓣已制作完成。为了把荷花做得更好看些，可单击"时间轴"面板"图层 2"的第 1 帧，将荷花的 6 个花瓣全部选中，然后选择"修改"→"组合"菜单命令，或者按快捷键 Ctrl+G 将刚才绘制的荷花进行组合。在不改变"变形中心点"的基础上，结合"变形"面板，调整缩放比例和旋转角度，利用"重制选区和变形"按钮，再变形复制几层荷花花瓣，执行完成后的荷花效果如图 3-19 所示。

（9）荷花花瓣绘制好了，接下来添加花蕊。选择工具箱中的"椭圆工具"，设置笔触颜色为无，填充色为黄色（#FFFF00），在"图层 2"的空白位置，按住 Shift 键绘制一个正圆，选择"刷子工具"，设置填充色为橙黄色（#FF9900），在正圆中单击点刷橙黄色，使用"选择工具"框选绘制好的花蕊，然后按快捷键 Ctrl+G 将刚才绘制的花蕊进行组合，并拖动其放置在荷花的中心位置，如图 3-20 所示。

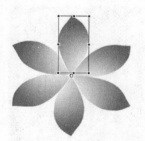
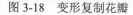

图 3-18　变形复制花瓣

图 3-19　制作的荷花花瓣

图 3-20　放置花蕊

（10）最后再次单击"时间轴"面板"图层 2"的第 1 帧，把绘制好的荷花一起选中，按快捷键 Ctrl+G 将荷花组合，或按 F8 键转换为元件，然后按快捷键 Ctrl+X 将荷花进行剪切，单击"图层 1"的眼睛图标将其显示，并单击"图层 1"的第 1 帧，按快捷键 Ctrl+V 进行粘贴，将荷花移动到"图层 1"的第 1 帧后，使用"任意变形工具"缩放调整荷花的大小，再按 Ctrl 键拖移复制一朵荷花，并放置在合适的位置，如图 3-21 所示。

图 3-21　放置荷花

3. 使用"复制"、"翻转"命令和"对齐"面板制作花纹和花边

（1）单击"时间轴"面板上"图层 1"的锁定按钮锁定"图层 1"，单击"图层 2"将其设为当前图层，选择工具箱中的"矩形工具" □，设置笔触颜色为黄色（#FFFF00），笔触高度为"1"，设置填充色为无，在背景图黄色方框的右上角绘制一个小矩形，按 Ctrl 键拖移复制出两个小矩形，并排列成如图 3-22 所示的花纹图案。

（2）使用"选择工具" ▶ 选中绘制的矩形花纹，然后按快捷键 Ctrl+C 复制花纹，再按快捷键 Ctrl+Shift+V 将花纹进行原位粘贴。保持花纹的选中状态，选择"修改"→"变形"→"水平翻转"菜单命令，将复制的花纹进行水平翻转，然后在按住 Shift 键的同时按键盘方向键上的←键，将其水平移动到背景图黄色方框的左上角，如图 3-23 所示。

（3）保持左上角花纹的选中状态，使用上述同样方法，将左上角的花纹进行原位复制，然后选择"修改"→"变形"→"垂直翻转"菜单命令，将复制的花纹进行垂直翻转，然后在按住 Shift 键的同时按键盘方向键上的↓键，将其垂直移动到背景图黄色方框的左下角。使用同样的操作方法，将右上角的花纹进行原位复制、垂直翻转，并移动到背景图黄色方框的右下角。四个角的矩形花纹制作好的效果如图 3-24 所示。

图 3-22　制作右上角　　图 3-23　制作左上角　　　　　图 3-24　制作四个角的矩形花纹
　　　　矩形花纹　　　　　　　矩形花纹

（4）接下来制作花边。选择"线条工具" ＼或"矩形工具" □，设置笔触颜色为黄色（#FFFF00），设置合适的笔触高度，与"选择工具" ▶配合使用，绘制如图 3-25 所示的花边图案。

（5）然后使用"选择工具" 选中绘制的花边图案，按快捷键 F8 将其转换为名为"花边"的图形元件，并在按住 Alt 键的同时依次拖动"花边"元件实例，将其复制排列于背景图黄色方框的下边沿，如图 3-26 所示。

（6）使用"选择工具" 选中复制的"花边"元件实例，然后选择"窗口"→"对齐"菜单命令或按快捷键 Ctrl+K 打开"对齐"面板，如图 3-27 所示。单击其中的"水平平均间隔"按钮 和"顶对齐"按钮 或"底对齐"按钮 ，使其平均间隔并排列在一条线上，如图 3-28 所示。

图 3-25　绘制花边图案

图 3-27　"对齐"面板

图 3-26　复制"花边"元件实例

图 3-28　调整水平平均间隔并对齐后的效果

> **提示**
>
> 对象的对齐操作除使用"对齐"面板外，也可以执行"修改"→"对齐"菜单命令进行操作。

（7）保持下方花边的选中状态，然后按快捷键 Ctrl+C 复制花边，再按快捷键 Ctrl+Shift+V 将花边进行原位粘贴，然后选择"修改"→"变形"→"垂直翻转"菜单命令，将复制的花边进行垂直翻转，然后在按住 Shift 键的同时按键盘方向键上的↑键，将其垂直移动到背景图黄色方框的上边沿。

（8）保持上方花边的选中状态，将其原位复制一份，然后选择"修改"→"变形"→"顺时针旋转 90 度"菜单命令进行旋转，并将其移动到方框的右边沿，删除多余的花边。如果无法与上下边沿对齐的话，可拖移花边位置后使用"垂直平均间隔"按钮 重新调整间隔，如图 3-29 所示。

（9）使用同样的操作方法，将右侧的花边再进行原位复制，并水平移动至左侧，至此四条边的花边均制作完成，如图 3-30 所示。

（10）最后单击"时间轴"面板"图层 2"的第 1 帧，把绘制好的四个角的花纹和四条花边一起选中，按快捷键 Ctrl+G 将其组合，或按 F8 键转换为元件，然后通过选择"编辑"→"剪切"和"编辑"→"粘贴到当前位置"菜单或按快捷键 Ctrl+X 和 Ctrl+Shift+V，将花纹和花边原位移动到"图层 1"第 1 帧，并保存文件。

图 3-29　调整垂直平均间隔　　　　　　图 3-30　制作好的花边

三、知识进阶

1. 选择对象操作技巧

在 Flash 中对象可以分为图形、位图、组合、文本和元件这几类，选择具体对象的方法主要有以下几种。

（1）选择工具箱中的"选择工具" ▶ 后，单击矢量图形的线条时，可以选取某一线段，如图 3-31 左图所示；双击线条可以选取所有连接着的颜色、样式、粗细一致的线段，如图 3-31 右图所示；要取消选取，则只需单击舞台空白处即可。

（2）选择工具箱中的"选择工具" ▶ 后，在矢量图形的填充区域单击可选取某个填充，如图 3-32 左图所示；如果图形是一个有边线的填充区域，在填充区域中的任意位置双击，可同时选中填充区域及其轮廓线，如图 3-32 右图所示。

图 3-31　选取线条　　　　　　　　　　图 3-32　选取填充

（3）要选取群组、文本、元件实例整体对象，则只需使用"选择工具" ▶ 在对象上单击即可，被选取的对象周围会出现一个蓝色的方框，如图 3-33 所示。

（4）选择工具箱中的"选择工具" ▶ 后，在所需选择对象上拖出一个区域，则该区域覆盖的所有对象（矢量图形的一部分）都将被选中，如图 3-34 所示。

 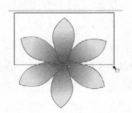 

图 3-33　选择整体对象　　　　　　　　图 3-34　拖动选取

（5）除了可以使用拖动方式选择多个对象外，选择工具箱中的"选择工具" 后，按下 Shift 键依次单击所要选取的对象可同时选中多个对象，如图 3-35 所示。此外，单击时间轴上的某一帧可选中该帧上的所有对象。选择"编辑"→"全选"菜单命令或按快捷键 Ctrl+A，也可以选择当前帧上的所有对象。

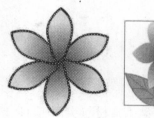

图 3-35 同时选取多个对象

（6）使用"任意变形工具" 或"部分选取工具" 也可以选择对象，其操作方法与"选择工具" 类似。

2. 图形的组合和分离操作技巧

在 Flash 中的普通模式下绘制的矢量图形都是分散的对象，图形对象很容易粘在一起，不方便对图形进行整体操作。为此，我们经常会将对象选中后，执行"修改"→"组合"菜单命令或按快捷键 Ctrl+G，将其组合成一个整体，并对整体进行缩放、旋转、翻转等变形操作。如果在动画制作过程中发现还需对绘制的图形进行调整时，可使用"选择工具" 双击组合对象，进入其内部对图形进行编辑，如图 3-36 所示，修改图形轮廓线和填充，编辑完成后使用"选择工具" 双击舞台空白区域或选择"编辑"→"全部编辑"命令退出组合编辑状态。如果想

图 3-36 进入组合编辑状态修改图形

要取消组合，可执行"修改"→"分离"菜单命令或按快捷键 Ctrl+B 取消组合，恢复为原来的图形对象。

3. 移动和复制操作技巧

（1）利用"编辑"→"剪切"命令或按快捷键 Ctrl+X 与"编辑"→"复制"命令或按快捷键 Ctrl+C 对对象进行操作后，执行"编辑"→"粘贴到中心位置"命令或按快捷键 Ctrl+V，可将对象移动或复制到舞台中心位置。如果执行"编辑"→"粘贴到当前位置"命令或按快捷键 Ctrl+Shift+V，可将对象进行原位复制。

（2）选中对象后，利用"选择工具" 拖动对象可实现移动操作，如果在拖动时按住 Alt 键，则可复制对象，如图 3-37 所示。当然，使用"任意变形工具" 或"部分选取工具" 也可以完成相应的操作。

（3）在选中对象进行移动时，按住键盘方向键，对象将向相应方向以一个像素为单位移动。如果在按住 Shift 键的同时按方向键，则可一次移动 10 像素。

4. "渐变变形工具"的使用

使用"渐变变形工具" 调整渐变时，渐变类型不同其变形控制也有所不同。

图 3-37　移动和复制对象

（1）调整线性渐变填充。打开教材配套光盘"素材与实例/项目 3/线性渐变/线性渐变素材.fla"文件，使用"渐变变形工具" 🔲 单击杯子上的线性渐变填充后，会出现如图 3-38所示的渐变控制线和渐变控制柄。拖动渐变中心点可移动整个渐变图案。拖动渐变方向控制柄将改变渐变图案的方向。拖动渐变长宽的控制柄可改变渐变图案的宽度，如图 3-39所示。

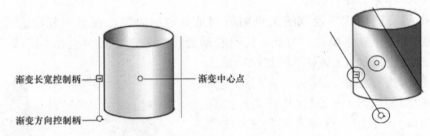

图 3-38　渐变控制线和控制柄　　　　　图 3-39　调整渐变位置、方向和宽度

（2）调整位图填充。打开教材配套光盘"素材与实例/项目 3/位图填充/位图填充素材.fla"文件，使用"渐变变形工具" 🔲 单击杯子上的位图填充后，会出现如图 3-40 所示的位图控制柄。拖动位图中心点，可移动对象中位图的整体位置。拖动位图长度或宽度控制柄可改变位图的长度和宽度。拖动位图大小、方向和横向或纵向倾斜控制柄，可改变位图的大小、方向和横向或纵向的倾斜角度，如图 3-41 所示。

图 3-40　位图控制柄　　　　　　　　图 3-41　调整位图填充

（3）渐变流的设置。在使用"渐变变形工具" 🔲 调整"径向渐变"和"线性渐变"时，还可以结合"颜色"面板中的渐变流设置调整渐变色，如图 3-42 所示，三种流模式的按钮分别是"扩展颜色"、"反射颜色"和"重复颜色"。所谓流模式是指在利用"渐变变形工具" 🔲

缩小渐变的宽度和大小时，用来控制超出渐变限制的颜色，即当应用的颜色超出了"径向渐变"和"线性渐变"的限制，会以何种方式填充空余的区域。在动画制作中流模式的合理运用可以制作出许多绚丽的动画效果如图3-43所示。

图 3-42　渐变流设置

图 3-43　流模式的应用效果

5. "任意变形工具"的使用

"任意变形工具" 是制作 Flash 动画时经常使用的图形编辑工具，可以对工作区上的图形对象、组、文本、元件实例、位图进行移动、旋转、倾斜、缩放、扭曲和封套等变形操作。当使用"任意变形工具"选中或框选要编辑的对象后，其工具箱下方会出现"旋转与倾斜"、"缩放"、"扭曲"和"封套"变形按钮，如图3-44所示。在进行一般的变形操作时，通常不选择这些选项按钮，即可进行对象的移动、旋转、倾斜、缩放操作，因为此时"任意变形工具"处于自由变形模式。

> **提示**
>
> "任意变形工具"的扭曲和封套功能只适用于分离的形状对象，当对象为元件、文本、位图和渐变时这两种变形操作选项处于不可用状态。

（1）旋转与倾斜。当需要旋转对象时，可使用"任意变形工具"选中要旋转的对象，然后拖动变形中心点确定旋转的中心，将鼠标移动到变形框四个角的控制柄上，当光标变成圆弧形⌒时，按住鼠标左键拖动，可以使对象以变形中心点为圆心进行旋转，如图 3-45 所示。

图 3-44　"任意变形工具"的选项

图 3-45　旋转对象

当需要倾斜对象时，可使用"任意变形工具" ▨ 选中要倾斜的对象，将鼠标移到变形框任一边线，当光标呈 ↕ 或 ↔ 形状时，按住鼠标左键拖动可以使对象倾斜，如图 3-46 所示。

图 3-46　倾斜对象

（2）缩放。当需要对图形对象进行放大与缩小时，可使用"任意变形工具" ▨ 选中要缩放的对象，然后将鼠标移动到缩放对象变形框横向或纵向的任一边中间的控制柄上。当光标变为 ↔ 或 ↕ 双箭头形状时，按住鼠标左键拖动可以改变的对象的宽度或高度；当鼠标移动到变形框 4 个边角的控制柄上，光标变为 ↗ 双箭头形状时，按住鼠标左键拖动即可以改变对象的大小，如果在拖动的同时按住 Shift 键可成比例缩放，如图 3-47 所示。

图 3-47　缩放对象

提 示

在对图形对象进行旋转与倾斜、缩放时，使用"任意变形工具" ▨ 选中对象后，还可以利用其工具选项中的"旋转与倾斜" ⟳ 和"缩放" ▨ 按钮进行操作。或者使用"修改"→"变形"菜单命令进行调整，如图 3-48 所示。另外，也可以使用"属性"面板、"变形"面板或"信息"面板进行精确调整或按比例调整，如图 3-49 所示。

图 3-48　"变形"菜单命令　　　　　　　　图 3-49　在"属性"和"信息"面板中设置宽度和高度

（3）扭曲和封套。在对分离的形状对象制作一些特殊的变形效果时经常会使用"扭曲"和"封套"功能。当需要对形状对象扭曲变形时，使用"任意变形工具" [图]选中对象后，可单击工具选项区中的"扭曲"按钮[图]，或者在按住 Ctrl 键的同时将光标移动到变形框控制柄上，当光标呈现▷形状时按住鼠标左键并拖动，可以使分离对象产生具有透视效果的扭曲变形。如果在拖动的同时按住 Shift 键可成比例扭曲变形，如图 3-50 所示。

图 3-50 扭曲对象

如果使用"任意变形工具" [图]选中分离对象后，单击"封套"选项按钮[图]，此时对象周围会出现一个包括控制柄（方形）与切线手柄（圆点）的封套控制框，如图 3-51 所示。拖动封套控制框上的控制柄，可改变封套的形状，拖动控制柄两侧的切线手柄可以改变曲线弧度，使对象自由扭曲，如图 3-52 所示。

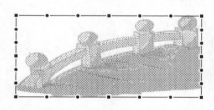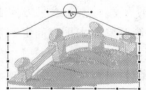

图 3-51 封套控制框　　　　图 3-52 拖动控制柄和切线手柄

6. "对齐"面板的使用

在 Flash 制作中会频繁用到对象的对齐操作。打开"窗口"→"对齐"命令或按快捷键 Ctrl+K 打开"对齐"面板，运用面板上的选项按钮，不仅能完成对象的对齐，还可以将对象以多种方法平均分布或间隔。"对齐"面板中各选项的具体作用如下。

（1）"与舞台对齐"：如果勾选"对齐"面板最下端的"与舞台对齐"项[图 与舞台对齐]，所有的对齐将会以整个舞台为参照物调整对象的位置。如果此项处于非选择状态[图 与舞台对齐]，则对齐对象时将会以各对象的相对位置为基准对齐。

（2）"对齐"选项组。

"左对齐"[图]：可使所选对象以最左侧的对象或舞台最左侧为基准对齐。

"水平中齐"[图]：可使所选对象沿集合的垂直线或舞台的中心为基准居中对齐。

"右对齐"[图]：可使所选对象以最右侧的对象或舞台最右侧为基准对齐。

"顶对齐"[图]：可使所选对象以最上方的对象或舞台最上端为基准对齐。

"垂直中齐" ▮0：可使所选对象沿集合的水平中线或舞台的中心为基准垂直对齐。

"底对齐" ▮▮：可使所选对象以最下方的对象或舞台最下端为基准对齐。

对象左对齐、水平中齐和右对齐的效果如图 3-53 所示。

图 3-53　对象左对齐、水平中齐和右对齐的效果

（3）"分布"选项组。

"顶部分布" ▤：可使所选对象在垂直方向上上端间距相等。如果勾选"与舞台对齐"项，则将以舞台上下距离为基准调整对象之间的垂直间距。

"垂直居中分布" ▤：可使所选对象在垂直方向上中心距离相等。

"底部分布" ▤：可使所选对象在垂直方向上下端间距相等。

"左侧分布" ▮▮：可使所选对象在水平方向上左端距离相等。

"水平居中分布" ▮▮：可使所选对象在水平方向上中心距离相等。

"右侧分布" ▮▮：可使所选对象在水平方向上右端距离相等。

（4）"匹配"选项组。

"匹配宽度" ▯：可使所选对象的宽度变为与最宽的对象相同。如果勾选"与舞台对齐"项，则将使所选对象的宽度变为与舞台一样宽。

"匹配高度" ▮▮：可使所选对象的高度变为与最高的对象相同。

"匹配宽和高" ▮▮：可使所选对象的宽度和高度变为与最宽和最高的对象相同。

对象匹配宽度、匹配高度、匹配宽和高的效果如图 3-54 和图 3-55 所示。

原图　　　　　　　　　匹配宽度　　　　　　　　匹配高度

图 3-54　对象匹配宽度、匹配高度的效果

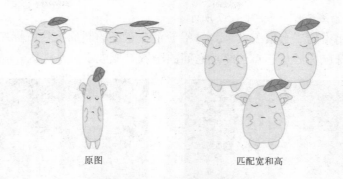

原图　　　　　　　　　匹配宽和高

图 3-55　对象匹配宽和高的效果

（5）"间隔"选项组。

"垂直平均间隔" ▣：可使所选对象在垂直方向上距离相等。

"水平平均间隔" ▣：可使所选对象在水平方向上距离相等。

任务 2　编辑 "莲花童子" 和 "鲤鱼" 图像

一、任务说明

本任务主要引领读者熟悉 Flash CS6 中的 "套索工具"、"橡皮擦工具" 的使用方法，掌握选取图像区域、分离图像、擦除分离图形和排列对象等操作技巧。

二、任务实施

1. 使用 "套索工具" 和 "橡皮擦工具" 编辑 "莲花童子" 图像

"套索工具" ◔ 主要用于在图形中随意地选取不规则的区域，也经常用它来选取分离后的位图图像区域。"橡皮擦工具" ▱ 用于擦除矢量图形对象中不需要的线条及填充，当然也可以擦除分离后的位图图像区域。下面通过编辑 "莲花童子" 图像来熟悉 "套索工具" 和 "橡皮擦工具" 的使用。

（1）打开前面保存的 "恭贺新禧素材.fla" 文档，单击 "时间轴" 面板上的 "图层 2" 将其设为当前图层，然后选择 "窗口" → "库" 菜单命令或按快捷键 F11，打开 "库" 面板，将 "库" 面板中的 "莲花童子.jpg" 位图拖入舞台中，如图 3-56 所示。

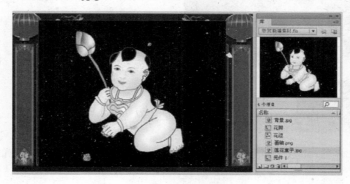

图 3-56　将位图拖入舞台

（2）单击 "图层 2" 上的 "莲花童子" 位图，然后选择 "修改" → "分离" 菜单命令或者按快捷键 Ctrl+B 分离位图，如图 3-57 所示。

（3）选择工具箱中的"套索工具"，沿着莲花童子的四周按住鼠标左键并拖动，最后回到起始位置，松开鼠标后从起点到终点之间的区域就变成了一个选区，如图 3-58 所示。

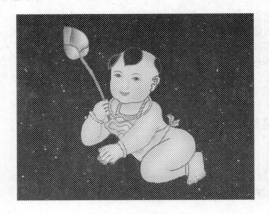
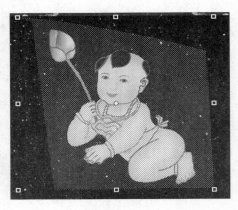

图 3-57　分离位图　　　　　图 3-58　使用"套索工具"选取图像区域

> **提示**
>
> 在使用"套索工具"按住鼠标左键拖动勾画自由选区时，如果起点和终点之间未闭合的话，Flash CS6 会自动用直线来闭合选区。

（4）按快捷键 Ctrl+G 将选中的图像部分组合，然后使用"选择工具"选中"莲花童子"图像中未组合的部分，按 Delete 键将其删除，如图 3-59 所示。

（5）使用"选择工具"双击组合的位图图像进入其组的内部编辑模式，然后选择"橡皮擦工具"，单击其工具选项区中的"橡皮擦形状"按钮，从弹出的下拉列表中的选择橡皮擦的形状，如图 3-60 所示。

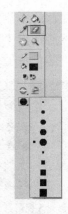

图 3-59　删除图像中未组合的部分　　　　　图 3-60　选择橡皮擦的形状

（6）单击其工具选项区中的"橡皮擦模式"按钮，从弹出的下拉列表中的选择橡皮擦的擦除模式后，在莲花童子图像边缘多余的部分上按住鼠标左键不放并拖动，即可将其擦除，擦除后的效果如图 3-61 所示。但擦除的时候需要不断调整橡皮擦的形状与大小，以达到更好的效果。

（7）擦除完毕后，单击舞台左上角的 场景1 按钮，或者使用"选择工具" ↖ 在舞台空白区域双击返回主场景，利用"剪切"和"粘贴到中心位置"命令或快捷键 Ctrl+X 和 Ctrl+V，将莲花童子图像由"图层 2"移动到"图层 1"中，并将其放置到荷叶上的合适位置，如图 3-62 所示。

图 3-61　擦除后的效果　　　　　　　　图 3-62　调整后放置的效果

2. 使用"套索工具"编辑"红鲤鱼"图像并调整放置位置

使用"套索工具" ⌀ 的"魔术棒"模式，可以快速地选取分离的位图图像中的颜色相近区域。下面通过编辑"红鲤鱼"图像，来熟悉其具体的使用方法。

（1）单击"时间轴"面板上的"图层 2"将其设为当前图层，然后选择"文件"→"导入"→"导入到舞台"菜单命令，在弹出的如图 3-63 所示的"导入"对话框中选择"红鲤鱼.jpg"图像。

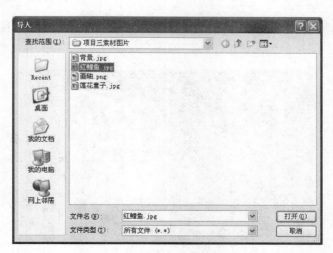

图 3-63　"导入"对话框

（2）在当前图像选中的状态下，选择"修改"→"分离"或按快捷键 Ctrl+B 将位图分离，如图 3-64 所示。

（3）选择"套索工具" ⌀，然后单击工具箱选项区中的"魔术棒设置"按钮 ⬛，在弹出

的"魔术棒设置"对话框中，将"阈值"设为
"10"，在"平滑"选项的下拉列表中选择"像
素"，单击"确定"按钮，如图 3-65 所示。

"阈值"数值越小
选择的颜色范围越
窄，数值越大选择
的颜色范围越宽

图 3-64　分离"红鲤鱼"位图图像　　　　　　　图 3-65　"魔术棒设置"对话框

（4）单击工具箱选项区中的"魔术棒"按钮，将光标移动到"红鲤鱼"图像的红色背景上，选择红色背景，然后按 Delete 键，删除红色背景，如图 3-66 所示。

（5）选中红鲤鱼图像，按快捷键 Ctrl+G 将选中的图像组合，利用"剪切"和"粘贴到中心位置"命令或快捷键 Ctrl+X 和 Ctrl+V，将红鲤鱼图像由"图层 2"移动到"图层 1"中，使用"任意变形工具"进行旋转、缩放调整红鲤鱼对象，并将其移动到合适位置，如图 3-67 所示。

图 3-66　删除"红鲤鱼"图像中的红色背景　　　　图 3-67　变形调整红鲤鱼对象

（6）保持红鲤鱼图像选中的状态，选择"修改"→"排列"→"下移一层"菜单命令，将红鲤鱼图像排列于莲花童子图像的下方，如图 3-68 所示，最后保存文件。

图 3-68　调整排列位置后的效果

三、知识进阶

1．"套索工具"多边形模式的使用

单击工具箱的"套索工具"后，其工具选项区中有三个按钮，如图 3-69 所示。"套索

工具"💬使用时，除了上述介绍的选取自由选区或利用魔术棒设置使用魔术棒来选取颜色相近的分离位图区域以外，我们还可以利用"多边形模式"按钮 💬 来选取规则的位图或矢量图形区域。选择工具箱的"套索工具"💬，单击"多边形模式"按钮 💬，然后在包装盒的一个棱角处单击，接着在其他棱角处继续单击绘制多边形，最后在起点处双击，即可选取多边形图像区域，如图 3-70 所示。

　　　　　　　← 魔术棒
　　　　　　　← 魔术棒设置
　　　　　　　← 多边形模式

　　图 3-69　套索工具的选项区　　　　图 3-70　利用"多边形模式"选取规则的图像区域

2. "橡皮擦工具"的擦除模式

选择"橡皮擦工具"💬之后，在其工具选项栏中包括"橡皮擦模式"按钮 💬、"水龙头"按钮 💬 和"橡皮擦形状"下拉列表 💬。其中，"橡皮擦形状"下拉列表 💬 用于选择橡皮擦的形状，以形成不同的擦除形状外观。"橡皮擦模式"是用来设定橡皮擦工具的擦除模式的。打开该下拉选项，可以看到"标准擦除"、"擦除填色"、"擦除线条"、"擦除所选填充"和"内部擦除"五种擦除模式，如图 3-71 所示。如图 3-72 所示为不同擦除模式的擦除效果。

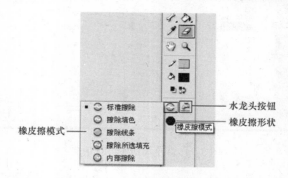

图 3-71　选择橡皮擦的擦除模式

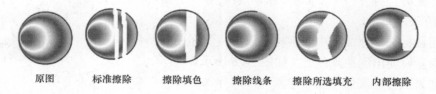

原图　　　标准擦除　　擦除填色　　擦除线条　　擦除所选填充　　内部擦除

图 3-72　不同擦除模式的擦除效果

"水龙头"按钮 💬 用来快速擦除所选笔触或填充内容。如图 3-73 所示，选择"水龙头"按钮 💬 后，单击所要擦除的笔触或填充内容，即可完成区域性擦除。

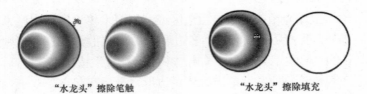

图 3-73 "水龙头"模式擦除效果

 提示

　　如果在工具箱中双击"橡皮擦工具" ✐，可快速删除工作区上的所有对象。

　　3. 外部图像的导入与转换

　　Flash 中可以导入 .ai、.pdf、.png、.dxf、.bmp、.gif、.jpg、.tif、.psd 等不同格式的矢量图和位图。当然，也可以导入视频文件。另外，对于导入的位图还可以将其转换为可编辑的矢量图形。

　　（1）要导入图像可以执行"文件"→"导入"→"导入到库"命令，在弹出的如图 3-74 所示的"导入到库"对话框中，选择图像所在的路径，在"文件类型"中选择要导入的图像

图 3-74 "导入到库"对话框

格式，选中要导入的图像，单击"打开"按钮，即可将所选图像导入。此时，打开"库"面板，即可看到导入的素材，如图 3-75 所示。

　　（2）用鼠标选中库面板中的素材不放，将其拖曳到舞台中，则图像素材便出现在舞台上，如图 3-76 所示。

　　（3）如果执行"文件"→"导入"→"导入到舞台"命令，则可将外部文件同时导入到舞台和"库"面板中。使用"导入到舞台"命令可以达到即时编辑此图形图像的目的，一般适用于导入 1 或 2 个较少素材时。如果一次要导入多个素材，可以先将所有素材"导入到库"，然后再根据需要逐一拖

图 3-75 "库"面板

至舞台上编辑。"导入到库"命令可以将导入的图形图像存储到文档库中，这样，用户可以在创作过程中很方便地选择和使用所需的图形图像资源。

图 3-76　将图像拖至舞台

（4）如果使用"导入到舞台"命令导入的是某一个以数字结尾的文件名，并且同一文件夹中有多个数字相连的位图文件时，在导入过程中 Flash 就会自动地将其识别为图像序列并弹出如图 3-77 所示的提示对话框，询问用户是否将同一文件夹中图像序列文件全部导入，可根据实际情况选择相应的按钮。如果选择"是"按钮，则 Flash 会自动将同一序列中的多个文件按序号分别导入到当前图层当前帧开始的连续的多个帧中，如图 3-78 所示。

图 3-77　"导入图像序列"提示

图 3-78　导入到连续多个帧

（5）若要将导入的位图图像转换为矢量图形，可选中舞台上的位图，执行"文件"→"修改"→"位图"→"转换位图为矢量图"命令，在弹出的如图 3-79 所示"转换位图为矢量图"对话框中，对"颜色阈值"、"最小区域"、"角阈值"和"曲线拟合"进行相应的设置。

"颜色阈值"：设置位图转化为矢量图形时的色彩细节，有效值的范围是 1～500。数值越小，颜色转换越多，与原图像差别越小。

"最小区域"：设置在指定像素颜色时要考虑的周围像素的数量。有效数值为 1～1000。数值越低，转换后的色彩与原图越接近。

"曲线拟合"：用于确定绘制的轮廓的平滑程度。

"角阈值"：用于确定是保留锐边还是进行平滑处理。

（6）参数设置好后单击"确定"按钮，位图转换为矢量图形的效果如图 3-80 所示。将位图转换为矢量图形后，可以对其进一步编辑和修改。

转换位图为矢量图
颜色阈值(T): 100
确定
最小区域(M): 8 像素
取消
角阈值(N): 一般
曲线拟合(C): 一般
预览

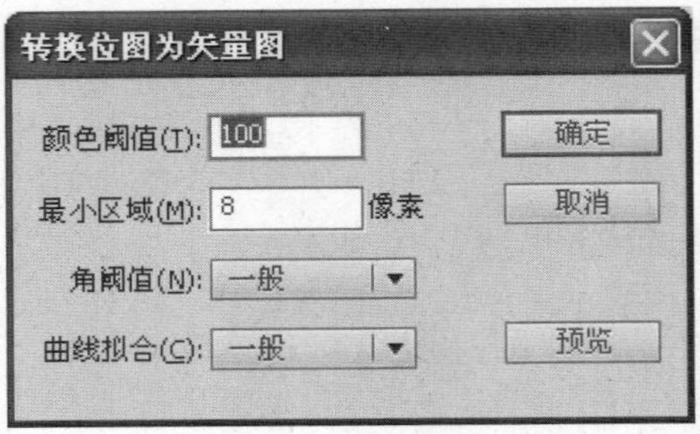

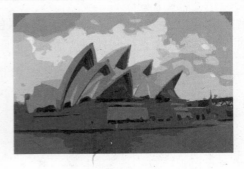

图 3-79 “转换位图为矢量图”对话框

图 3-80 转换为矢量图形效果

4. 对象的排列

在 Flash 的创作中，总是需要使用多个对象。一般来说，几个对象重叠在一起的时候，先绘制的对象在底层，后绘制的对象在顶层。有时需要修改其排列顺序。下面通过实例说明对象的排列操作。

打开教材配套光盘“素材与实例/项目 3/对象的排列/对象的排列素材.fla”文件。其中包含了导入和绘制的五个素材，第一个是蓝色矩形的背景板图形，第二个是卡通人，第三个是“交通安全”的文字图形，第四个是“安全日”标志图形，第五个为交通安全标志图形。这五个图形均是已经组合好的对象，这样互相重叠后不会产生粘连切割的状况。此时这五个图形的先后顺序从底到上分别为蓝色矩形背景板、卡通人、“交通安全”文字、“安全日”标志和交通安全标志，如图 3-81 所示。可以通过“修改”→“排列”菜单命令下的子命令来修改对象排列的顺序，或右击相应对象，在弹出的快捷菜单中选择“排列”命令，通过子菜单来操作。

交通安全

图 3-81 导入的素材

（1）移至顶层：选中卡通人，然后执行“修改”→“排列”→“移至顶层”命令，如图 3-82 所示，就可以把这个卡通人移到最顶层，如图 3-83 所示。此时的顺序从底到上分别为蓝色矩形背景板、“交通安全”文字、“安全日”标志、交通安全标志、卡通人。

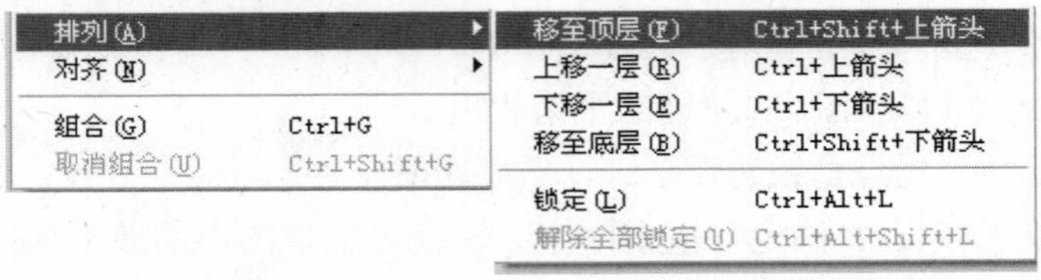

排列(A)
对齐(N)
组合(G) Ctrl+G
取消组合(U) Ctrl+Shift+G
移至顶层(F) Ctrl+Shift+上箭头
上移一层(R) Ctrl+上箭头
下移一层(E) Ctrl+下箭头
移至底层(B) Ctrl+Shift+下箭头
锁定(L) Ctrl+Alt+L
解除全部锁定(U) Ctrl+Alt+Shift+L

图 3-82 选择“移至顶层”菜单

（2）上移一层：选中"交通安全"文字，执行"修改"→"排列"→"上移一层"命令，红色"交通安全"文字会移动到上一层，盖住"安全日"标志，而在交通安全标志之下，如图 3-84 所示。如果右键单击蓝色矩形背景板，在弹出的菜单中选择"排列"→"上移一层"，则蓝色矩形背景板会移动到上一层盖住"安全日"标志，如图 3-85 所示。

图 3-83　卡通人移至最顶层

图 3-84　"交通安全"文字上移一层

（3）下移一层：右键单击交通安全标志，在弹出的菜单中选择"排列"→"下移一层"命令，交通安全标志即下移到了"交通安全"文字之下，如图 3-86 所示。

图 3-85　矩形背景板上移一层

图 3-86　交通安全标志下移一层

（4）移至底层：右键单击蓝色矩形背景板，在弹出的菜单中选择"排列"→"移至底层"命令，则蓝色矩形背景板会移动到所有素材的最底层，如图 3-87 所示。

图 3-87　矩形背景板移至底层

（5）锁定：选中舞台上的某个对象，然后选择"修改"→"排列"→"锁定"命令，可锁定此对象。锁定对象后，该对象将处于不可编辑状态。该对象不仅不能参加排列，也无法通过选择工具选取。

（6）解除全部锁定：由于对象锁定后无法选择此对象，因此，要想解除锁定只能使用"解除所有锁定"命令或直接使用快捷键 Ctrl+Shift+Alt+L 来完成。

提　示

　　如果排列的对象中包含有分离的矢量图形，即使选择"移至顶层"菜单命令，矢量图形始终位于元件实例、位图和组合对象之下。

任务 3　输入对联并为文字添加特效

一、任务说明

　　本任务主要通过输入对联文字，并为文字添加滤镜特效，熟悉并掌握 Flash CS6 中的"文本工具"、文本的编辑、属性设置及滤镜的使用方法。

二、任务实施

1. 使用"文本工具"输入对联文字

　　使用 Flash CS6 中的"文本工具" T 可以为制作的动画作品添加各种文字，使动画更加丰富多彩。下面用实例来学习"文本工具" T 的使用方法。

　　（1）打开前面保存的"恭贺新禧素材.fla"文档，选择工具箱中的"文本工具" T，然后打开"属性"面板，在"文本引擎"下拉列表中选择"传统文本"，在"文本类型"下拉列表中选择"静态文本"，单击"改变文字方向"按钮，从中选择"垂直"项。

　　（2）在"字符"选项下的"系列"下拉列表中选择"华文新魏"，单击"大小"后的输入框，输入其点值为"35"，单击"文本（填充）颜色"按钮，在打开的拾色器中选择黄色"#FFFF00"，如图 3-88 所示。

　　（3）单击"图层 2"将其设为当前图层，将光标移动到舞台左侧背景图中灯笼下的空白位置，单击并输入文字"爆竹一声除旧岁"；再将光标移动到舞台右侧灯笼下的空白位置，单击并输入文字"万象更新年年新"，如图 3-89 所示。按 Esc 键或单击工具箱中的其他工具结束文字的输入，并适当调整输入文字的位置。

图 3-88　设置文本和字符　　　　　　图 3-89　输入对联文字

2. 利用"属性"面板为输入的对联文字添加特效

　　使用滤镜可以为文本、按钮和影片剪辑增添丰富的视觉效果。应用滤镜后，可以随时改变其选项，或者重新调整滤镜顺序以试验组合效果。

（1）选中输入的上联文字，打开"属性"面板，单击"滤镜"选项中的"添加滤镜"按钮，从弹出的列表中选择"投影"滤镜，并对其参数进行设置，本例中只改变了"强度"为 50%，其余项保持默认，如图 3-90 所示，为上联文字添加"投影"滤镜特效。

（2）保持文字选中的状态，再次单击"添加滤镜"按钮，从弹出的列表中选择"斜角"滤镜，同样改变"强度"为 50%，其余项保持默认，如图 3-91 所示，为上联文字添加"斜角"滤镜特效。

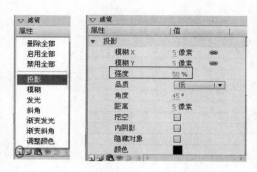

图 3-90　添加"投影"滤镜

图 3-91　添加"斜角"滤镜

（3）然后选中输入的下联文字，使用同样的方法也为下联文字添加"投影"和"斜角"滤镜特效。添加滤镜特效后的对联文字如图 3-92 所示，最后保存文件。

三、知识进阶

1. 文本引擎与文本类型

（1）文本引擎。Flash CS6 提供了两种文本引擎，分别是 TLF 文本和传统文本。TLF 文本是 Flash CS6 默认的文本引擎，使用 TLF 文本需要在 FLA 文件的发布设置中指定 ActionScript 3.0 和 Flash Player 10 或更高版本。TLF，即 Text Layout Framework（文本布局框架），从 Flash CS5 开始引入，与传统文本相比，TLF 文本增加了更多的字符样式和段落样式，添加了更多文字处理效果，文本可

图 3-92　添加滤镜特效后的对联文字

以在多个文本容器中顺序排列，增加了 3D 变换、色彩效果以及混合模式设置等功能。如图 3-93 所示为 TLF 文本和传统文本的"属性"面板对比。

（2）文本类型。TLF 文本的类型包括只读、可选和可编辑三种。当发布为 SWF 文件时，"只读"类型文本无法被选中和编辑，"可选"类型可选中文本并可复制到剪贴板，但不可编辑，"可编辑"类型文本即可选又可编辑。

传统文本的类型分别是静态文本、动态文本和输入文本。

静态文本：顾名思义，静态文本是指动画播放时文字的内容是固定不变的，用于显示永远不需要发生变化的文本，如一些说明性的文字。静态文本比较常用，前面介绍的对联文字等都属于静态文本。

动态文本：动态文本是在动画播放时可以动态更新的文本，该内容可以来自于即时数据源、动态更新的文本，如当前时间、天气预报、股票报价等，它可以根据情况动态改变文本的显示内容和样式等。动态文本只允许动态地显示，不允许动态地输入，常用在游戏或课件作品中。

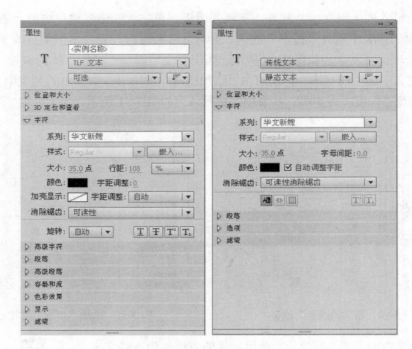

图 3-93　TLF 文本和传统文本的"属性"面板

输入文本：输入文本是在动画播放的时可以接受用户输入的文本，它可用于任何需要用户输入的时候，如输入密码或回答问题等。

在 Flash CS6 中文本引擎和文本类型均可进行转换，同一文本引擎下文本类型可以随时转换。当在两种文本引擎之间转换时，Flash CS6 会将 TLF 的"只读"和"可选"类型转换为传统的静态文本；TLF 的"可编辑"类型转换为传统的输入文本。

提示

文本引擎的转换时尽量一次转成功，而不要多次反复转换。

2．输入文本内容

单击工具箱中的"文本工具"**T**，光标变成 ╬ 的形状时，在舞台上单击即可输入文本，此时输入的文本为单行文本，如图 3-94 所示。也可以在舞台上拖动光标绘制出一个文本框，文字输入到文本框边界会自动换行，如图 3-95 所示。在这两图中左图为传统静态文本，右图为 TLF 文本，其文本框的外观上有所不同，特别是固定宽度的 TLF 文本框上有两个方形手柄并带有标尺。将光标移到文本框的控制点或手柄上，光标呈 ↔、↕ 或 ↗ 形状时，按住鼠标左键并拖动可改变文本框宽度或高度，双击方形手柄可使文本框自动适应输入文字的宽度。

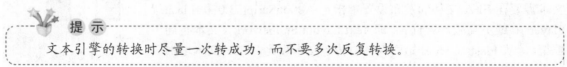

图 3-94　扩展的单行文本

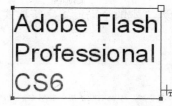

图 3-95 固定宽度的自动换行文本

3. 文本属性设置

我们在动画中经常会使用文字，并需要对文字设置其大小、颜色、字体或段落的对齐方式等样式。可以在选择工具箱中的"文本工具" T 后，先通过"属性"面板设置它的样式，然后在舞台上输入文字；也可以在输入文字后，再设置文本的样式。下面以实例来说明文本属性设置。

（1）通过"文件"→"新建"命令，新建一个 ActionScript3.0 的 Flash 文档，选择工具箱中的"文本工具" T ，在如图 3-93 所示的文本"属性"面板中的"文本引擎"下拉列表中选择"TLF 文本"，选择"文本类型"为"可选"，在舞台上拖动光标绘制出一个文本框，并输入文字，如图 3-96 所示。

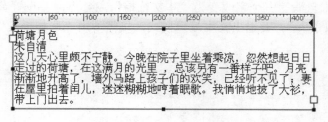

图 3-96 输入文字

（2）使用"选择工具" 单击文本将其选中，被选中的文本周围会出现一个蓝色的方框，如图 3-97 所示。

图 3-97 选中文本

（3）打开"文本工具"的属性面板，其中包括"位置和大小"、"3D 定位和查看"、"字符"、"高级字符"、"段落"、"高级段落"、"容器和流"、"色彩效果"、"显示"和"滤镜"选项卡（如果选择"传统文本"的话，则只有"位置和大小"、"字符"、"段落"、"选项"和"滤镜"选项卡）。例如，要为输入文本设置字符系列为"隶书"，大小为 18，行距为 130%。可展开"字符"选项卡，单击"系列"下拉列表选择其中的"隶书"；将鼠标置于"大小" 大小：18.0点 右端字号的下方，左右滑动鼠标，调节字体的大小为"18"，或直接在字号文本框中输入"18"；在"行距"后面的文本框中输入"130"；单击"文本（填充）颜色"按钮 颜色：■，在弹出的"拾色器"对话框中选择文本的颜色为"蓝色"。对输入文本的全局设置字符样式及效果如图 3-98 所示。

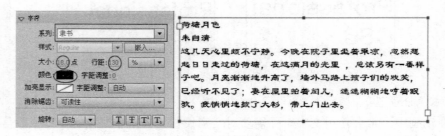

图 3-98　全局设置字符样式

（4）如果要对个别文本进行设置，可使用"选择工具" ▶ 双击文本进入文本编辑模式，或使用"文本工具" T，按住鼠标左键拖移选择所需设置文字后即可对其设置样式。例如要对本例中的标题文字"荷塘月色"设置字体为黑体，大小为 30 点，颜色为洋红，字距调整为 200，则只需用"文本工具" T 选择"荷塘月色"四字后，分别在"字符"选项卡中的各项中设置其字体为黑体、大小为 30 点、颜色为洋红、字距调整为 200 即可，如图 3-99 左图所示。使用同样方法将"朱自清"三个字改变为"华文行楷"、24 点，并设置黄色加亮显示后的文字效果如图 3-99 右图所示。要退出文本编辑模式，只需使用"选择工具" ▶ 在舞台其他位置单击即可。

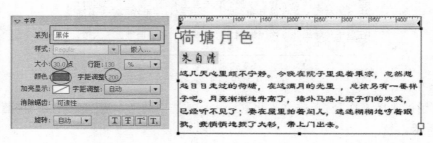

图 3-99　个别设置字符样式

（5）另外，在"字符"选项中还有"消除锯齿"、"旋转"等项可以根据需要进行设置。单击"消除锯齿"下拉列表 消除锯齿: 可读性消除锯齿 ▼ 右端的向下箭头，弹出下拉列表，可以为指定字体的文字消除锯齿属性，优化文本的视觉效果。单击"旋转"项后的值可以设定是否对垂直文本应用旋转。在"字符"选项右下方的四个按钮可以为文本添加下划线、删除线、上标和下标效果。例如，在"荷塘月色"后再输入一个注释编号"[1]"，然后选中这个注释编号后单击"切换上标"按钮 T¹ 为其添加上标效果，如图 3-100 所示。

（6）除了以上这些基本的样式设置外，还可以通过"高级字符"选项对字符进行更高级的设置，如设置链接、大小写、数字格式等。本例为"荷塘月色"四字添加超链接到"百度"网站。要设置超链接，可选中"荷塘月色"四字后，展开"高级字符"选项（如果是传统文本应展开"选项"）。在"链接"后的文本框中输入"http://www.baidu.com"，即可为字符添加文本超链接。添加了超链接的字符会自动加下划线，如图 3-101 所示。这样在播放动画时，单击"荷塘月色"四字，即可打开"百度"网站。

图 3-100 添加上标效果 图 3-101 设置超链接

（7）接下来设置段落文本的格式。Flash CS6 中段落文本的顶部增加了一个类似于 Word 程序页面视图中的标尺，我们可以通过标尺上的三角滑块快速地调整段落的边距和缩进。"段落"选项卡中提供了"对齐"、"边距"、"缩进"、"间距"、"文本对齐"和"方向"的设置，只需选中段落文本后单击选择相应的按钮或在文本框中输入相应的值即可。其中"方向"选项需要在"编辑"→"首选参数"菜单中的"文本"选项中勾选"显示从右至左的文本选项"才可使用。

（8）本例中先选中前两段文本后，单击"对齐"后的"居中"按钮，再将光标放在第三段中，也可选中第三段，单击"对齐"后的"全部两端对齐"按钮，再在"边距"后的文本框中输入左右两边的缩进边距各为"10"，在"缩进"右侧的文本框中输入"38"后的段落格式效果如图 3-102 所示。另外，对于一些段落的特殊设置还可以使用"高级段落"选项进行调整。

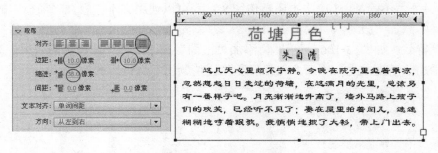

图 3-102 设置段落格式

（9）如果需要改变文本的方向为垂直文本，可单击文本"属性"面板中的"改变文字方向"按钮，从中选择"垂直"项。一旦应用垂直文本后即可选择"段落"选项中的"从左到右"或"从右到左"的显示方向，如图 3-103 所示。

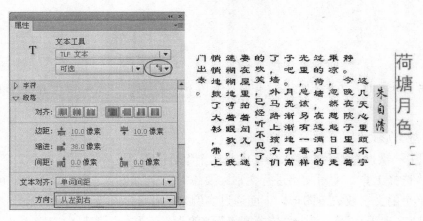

图 3-103 改变文本方向

（10）如果需要将输入文本像报纸、杂志一样分栏排版，并为文本框添加背景色和边线，可以使用“容器和流”选项对列数、列间距、边框颜色和边框宽度、背景色等进行设置，如图 3-104 所示。

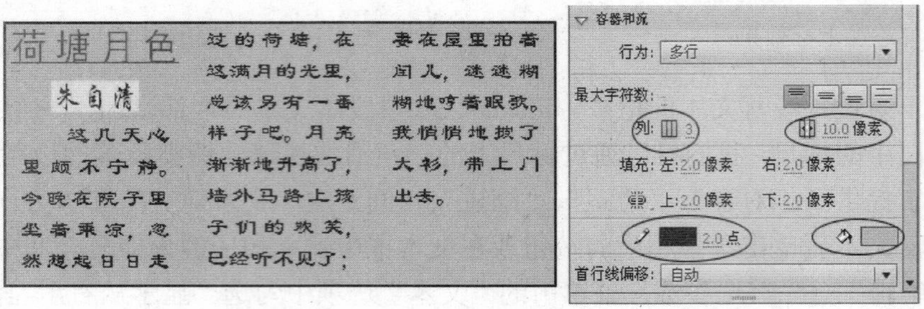

图 3-104　设置 TLF 文本的文本框格式

（11）对于 TLF 文本其文本“属性”面板中还可以使用如图 3-105 所示的“色彩效果”和“显示”选项。单击“色彩效果”选项卡“样式”样式: 无 右端的向下箭头或“显示”选项卡“混合”混合: 一般 右端的向下箭头，在弹出的下拉列表中选择相应的选项，可调节文本的色彩效果和显示效果。

（12）另外，不管是 TLF 文本还是传统文本均可以使用文本“属性”面板中的“滤镜”选项，给文本添加“投影”、“模糊”、“发光”、“斜角”、“渐变发光”、“渐变斜角”和“调整颜色”滤镜特效。如图 3-106 所示即为添加“模糊”和“发光”滤镜后的效果，如图 3-107 所示即为添加“渐变发光”、“渐变斜角”和“调整颜色”滤镜后的效果。

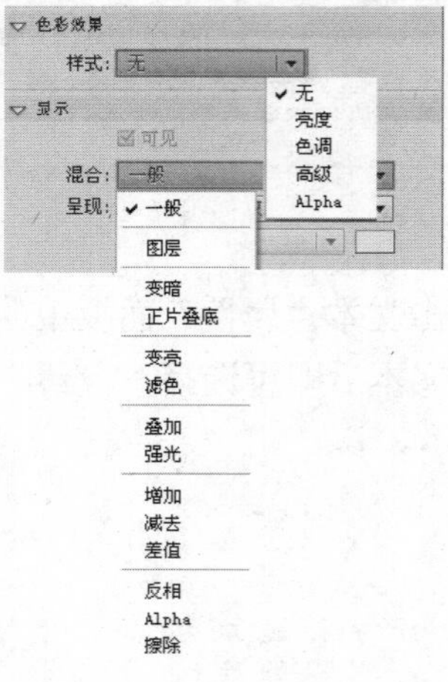

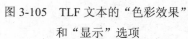

图 3-105　TLF 文本的“色彩效果”和“显示”选项

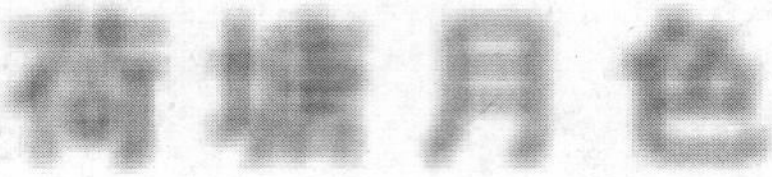

图 3-106　添加“模糊”和“发光”滤镜效果

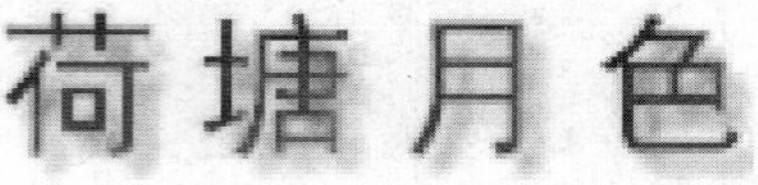

图 3-107　添加“渐变发光”、“渐变斜角”和“调整颜色”滤镜效果

4. 分离与变形文本

在 Flash 中一次性在舞台中输入的文本是一个组合的整体，不方便对单个文字进行编辑，也无法使用“选择工具”对文字进行变形。要想对单个的文字进行编辑调整，可以将文本对象分离成单个的文字或矢量图形。下面通过实例来了解分离与变形的具体操作。

（1）使用“文本工具”T，选择“传统文本”中的“静态文本”，在舞台中输入文字“Flash”，然后使用"选择工具" ➤ 选中文本，如图 3-108 所示。

（2）选择"修改"→"分离"菜单命令，或按 Ctrl+B 快捷键，将文本块中的每个字符分离出来，成为一个个独立的整体，如图 3-109 所示。

图 3-108　选中文本

图 3-109　将文本分离成文字

（3）此时分离出来的文字仍然具有文字的属性，可以对其进行字体、字号和颜色等属性的编辑。再次按 Ctrl+B 快捷键，这样选中的单个文字就被分离成了矢量图形，如图 3-110 所示，文字具有了矢量图形的全部特征，而不再具有文本的属性。此时，可以对分离了的"文字"使用"颜料桶工具" ➤ 填充位图或渐变色，如图 3-111 和图 3-112 所示。

图 3-110　分离成矢量图形

图 3-111　位图填充文字

图 3-112　渐变填充文字

（4）另外，可以使用"墨水瓶工具" ➤ 为填充文字进行描边，如图 3-113 所示，使用"选择工具" ➤ 将填充色选中后删除又可使其变成空心字，如图 3-114 所示。当然在此基础上还可以制作出如立体文字、图案文字等特殊效果。

图 3-113　描边文字　　　　　　　图 3-114　空心文字

（5）如果使用"选择工具" ➤ 后在填充文字的边缘调整，可使填充文字变形，当然也可以使用"任意变形工具" ➤ 中的"扭曲"和"封套"选项对分离的填充文字制作一些特殊的变形效果，如图 3-115 所示。总之，文字分离成矢量图形后可以根据动画制作的需要对其进行随心所欲的设计。

图 3-115　变形文字

任务 4 制 作 横 幅

一、任务说明

本任务主要通过制作画轴横幅柔化填充框和画轴横幅特效字，熟悉 Flash CS6 中的"线条转换成填充"、"扩展填充"和"柔化填充边缘"命令的使用，掌握线条与填充的处理技巧。

二、任务实施

1. 使用"柔化填充边缘"命令制作画轴横幅柔化填充框

柔化填充的边缘是动画设计制作中经常会用到的一个功能。利用这一功能，可以很容易地制作辉光、霓虹、雪花及光线在晶体中的折射、核爆炸或星球爆炸时的光冲击波效果，可以使"模糊"边缘更柔和。下面主要利用"柔化填充边缘"命令制作画轴横幅柔化填充框。

（1）打开前面保存的"恭贺新禧素材.fla"文档，单击"图层 1"将其设为当前图层，将"库"面板中的"画轴.png"位图拖入舞台中，放在背景图上方两条龙的中间，并利用"任意变形工具"选适当调整其大小，如图 3-116 所示。

图 3-116 导入画轴素材图像

（2）单击"图层 2"将其设为当前图层，选择工具箱中的"矩形工具"，设置笔触颜色为无，设置填充色为黄色（#FFFF00），在两个轴子之间绘制一个与横幅同高宽的矩形，如图 3-117 所示。

图 3-117 绘制无轮廓的矩形

（3）使用"选择工具"选中矩形后，按 Ctrl+Alt+S 快捷键，在弹出如图 3-118 所示的"缩放与旋转"对话框中的"缩放"文本框中输入"90"，并单击"确定"按钮，得到缩小后如图 3-119 所示的矩形。

图 3-118 "缩放与旋转"对话框

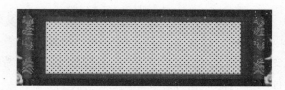

图 3-119 缩放调整后的矩形

（4）保持矩形选中状态，然后选择"修改"→"形状"→"柔化填充边缘"菜单命令，在弹出的如图 3-120 所示的"柔化填充边缘"对话框中，选择"方向"为"扩展"，在"距离"文本框中输入"6"，在"步骤数"文本框中输入"2"，单击"确定"按钮后，再执行一次同样的操作，得到如图 3-121 所示的柔化填充边缘的效果。

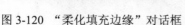

图 3-120　"柔化填充边缘"对话框　　　　　图 3-121　填充边缘的柔化效果

（5）单击"图层 2"第 1 帧选中柔化的横幅填充框，按快捷键 Ctrl+G 将选中的横幅填充框组合，利用"剪切"和"粘贴到当前位置"命令将其移动到"图层 1"中。

2. 使用"扩展填充"命令制作画轴横幅特效文字

在绘制图形时，有时我们也可以使用"扩展填充"命令来增大或减小填充区域。接下来使用"扩展填充"命令制作画轴横幅特效文字。

（1）单击"图层 2"将其设为当前图层，使用"文本工具"T，在"属性"面板中选择"传统文本"中的"静态文本"，字体为"华文新魏"，大小为"45"，将文本（填充）颜色设为黄色（#FFFF00），在舞台中输入文字"恭贺新禧"，如图 3-122 所示。

（2）为了使文字的颜色更丰富些，我们可以使用"选择工具" 选中文本，按两次快捷键 Ctrl+B，将文字完全分离，然后将"颜色"面板中的"填充颜色"设为红色（#FF0000）到黄色（#FFFF00）再到红色（#FF0000）的线性渐变，此时文字的填充会变为如图 3-123 所示的红黄红渐变色。

图 3-122　输入"恭贺新禧"文字　　　　　图 3-123　为文字填充渐变色

（3）在当前文字选中的状态下，按快捷键 Ctrl+C 将文字复制到"剪贴板"，然后选择"修改"→"形状"→"扩展填充"菜单命令，弹出如图 3-124 所示的"扩展填充"对话框，选择"方向"中的"扩展"单选按钮，在"距离"选项后的文本框中输入"1"，单击"确定"按钮。

（4）保持文字选中状态下，单击工具箱中的颜色区的"填充颜色"按钮，在打开的调色板中选择黄色（#FFFF00）为文字重新填充黄色，然后按快捷键 Ctrl+Shift+V 将"剪贴板"中的分离文字原位粘贴到"图层 2"中，如图 3-125 所示，此时可以看到文字即应用了渐变，同时又应用了扩展，使之看上去有荧光和描边的特殊效果。

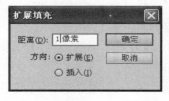

图 3-124　"扩展填充"对话框　　　　　图 3-125　特效文字效果

（5）单击"图层 2"第 1 帧选中特效文字，然后按快捷键 Ctrl+G 将选中的特效文字组合，并利用"剪切"和"粘贴到当前位置"命令将其移动到"图层 1"中。至此，"恭贺新禧"图形与文本的创建和编辑基本完成，最终的效果如图 3-126 所示。

图 3-126　本项目的最终效果

三、知识进阶

1. 线条转换为填充

在 Flash 中绘制图形时，无论怎样调整，线条都是一样粗细的，没有精细的变化。因此，有时为了想获得更好的边线效果，可以将线条转变为填充，然后再调整线条。

打开教材的配套光盘"素材与实例/项目 3/卡通猫/卡通猫素材.fla"文档，舞台中有一只卡通猫，其胡须比较僵硬。可以选中其胡须，然后选择"修改"→"形状"→"将线条转变为填充"菜单命令，将选中的线条转换为填充，再使用"选择工具" ▸ 在线端拖拉调整胡须的形状，如图 3-127 所示。

图 3-127　"卡通猫"调整前后对比

2. 填充的扩展与柔化

对于绘制好的形状，有时需要扩展或收缩填充区域的形状或模糊形状边缘，这时可以使用"扩展填充"和"柔化填充边缘"命令来实现这些效果。

（1）利用"椭圆工具" ⊙，设置椭圆的"填充颜色"为无、笔触高度为"20"、颜色为"#CCCC00"，在舞台上绘制一个正圆，如图 3-128 中左图所示。

（2）使用"选择工具" ▸ 选中正圆，执行"修改"→"形状"→"将线条转变为填充"菜单命令，将笔触线条转变为填充后再选择"修改"→"形状"→"扩展填充"菜单命令。

（3）在弹出的如图 3-124 所示"扩展填充"对话框，选择"方向"中的"扩展"单选按钮，在"距离"选项后的文本框中输入"10"，单击"确定"按钮后的效果如图 3-128 中图所示。可见填充线条变粗了，如果选择"方向"中的"插入"单选按钮，在"距离"选项后的文本框中输入"10"，单击"确定"按钮后，此时的填充线条又变细了。在"扩展填充"对话框中的"方向"中选择"扩展"可向外扩大填充形状，若选择"插入"则可向内缩小填充形状；"距离"选项主要用来设置填充扩大或缩小的尺寸。

（4）如果想使形状边缘变得比较柔和，可选择"修改"→"形状"→"柔化填充边缘"命令，在弹出的如图 3-120 所示的"柔化填充边缘"对话框中，"距离"选项可设置柔化后的边缘与原始形状边缘的距离（以像素为单位）；"步骤数"选项控制用于柔边效果的曲线数，数值越大，效果就越平滑；"方向"选项中的"扩展"或"插入"用来控制在柔化边缘时形状是放大还是缩小。

（5）本例在"距离"选项后的文本框中输入"10" px，"步骤数"为"3"，"方向"为"扩展"，此时填充线条发生变化，效果如图 3-129 所示。

图 3-128　选择"扩展"和"插入"的不同效果　　　图 3-129　柔化后的效果

 提 示

"扩展填充"和"柔化填充边缘"命令在没有笔触的单色填充形状上使用效果最好，对拥有过多细节的形状应用"柔化边缘"功能会增大 Flash 文档和生成的 swf 文件的体积。

3. 图形的平滑、伸直与优化

对于绘制好的图形可以使用平滑、伸直和优化命令来改进曲线和填充轮廓，使图形变得更加美观，同时还可以减少 Flash 文件的体积，并方便使用"选择工具"对线段进行调整。

（1）图形的平滑。使用"选择工具"调整图形形状时，如果图形的轮廓线拐点较多，不方便调整，可以执行"平滑"操作。选中需要平滑的对象（可以是包括轮廓线和填充的图形整体也可以是图形的一部分，如某一段线条）如图 3-130 所示，选择"修改"→"形状"→"平滑"菜单命令，或单击工具箱中的"平滑"按钮即可平滑对象，多次执行可强化平滑效果，如图 3-131 所示。另外，也可以选择"修改"→"形状"→"高级平滑"菜单命令，通过弹出的如图 3-132 所示的"高级平滑"对话框进行具体的设置调整，使图形曲线变得平滑、柔和、美观。

（2）图形的伸直。伸直图形的操作方法与平滑图形基本相同，选中需要伸直的对象后，

图 3-130　选中需要　　　图 3-131　平滑后
　　平滑的轮廓线　　　　　的效果

图 3-132　"高级平滑"对话框

选择"修改"→"形状"→"伸直"菜单命令，或单击工具箱中的"伸直"按钮 即可伸直对象，多次执行可强化伸直效果。另外，也可以选择"修改"→"形状"→"高级伸直"菜单命令，在弹出的如图 3-133 所示的"高级伸直"对话框，设置其"伸直强度"，如图 3-134 所示为"伸直强度"设置为"80"，图形伸直前后的效果对比。

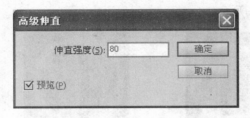

图 3-133　"高级伸直"对话框　　　　图 3-134　图形伸直前后的效果对比

（3）图形的优化。使用"优化"功能也可以使图形变得平滑。选中需要优化的对象后，选择"修改"→"形状"→"优化"菜单命令，在弹出的如图 3-135 所示的"优化曲线"对话框，设置其"优化强度"，单击"确定"按钮，即可优化图形。

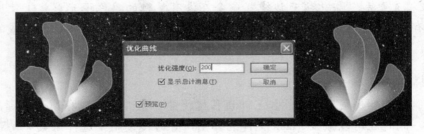

图 3-135　优化图形

 提 示

　　"平滑"、"伸直"、"优化"和"高级平滑"、"高级伸直"命令只能对分离的矢量图形起作用，另外，反复执行"平滑"、"伸直"、"优化"或执行"高级平滑"、"高级伸直"命令时强度过大会使图形走样。

 项目总结

　　本项目主要通过"恭贺新禧"中荷叶、荷花图形的绘制编辑调整和对"莲花童子"、"鲤鱼"图像的编辑处理,以及文本的创建、特效文字的制作,熟悉图形的编辑处理和文字特效的操作技巧,以及"变形"面板、"修改"菜单命令的使用和文本、位图对象的处理转换。另外,在练习时特别要注意以下几点。

(1)"选择工具" 是 Flash 中使用最多的工具,可以使用它调整图形形状、选择图形、移动和复制图形,以及进入或退出群组、元件等整体对象的内部。

(2)在使用"任意变形工具" 时,应重点注意其变形中心点的作用和设置方法,所有变形都是以变形中心点为基点进行的。

(3)在绘图时应灵活应用组合、元件和图层功能,可使图形之间相互不受干扰。

(4)对于绘制好的图形,如果其节点过多,可以使用"平滑"或"优化"命令对其进行适当处理。

(5)"文本工具" 的使用时字体尽量使用默认字体,如果需要使用特殊字体,可将文字分离,方便变形处理和在不同的电脑上显示并可为文字使用渐变色等。

习　　题

1. 选择题

(1)下列可将选中的图形对象按比例放大或缩小,也可在水平或垂直方向分别放大或缩小的是(　　)。

A. 缩放对象　　　B. 水平翻转　　　　C. 垂直翻转　　　　D. 任意变形工具

(2)在 Flash CS6 中要将多个字符的文本块转化为包含单个字符的文本块,下列描述操作正确的是(　　)。

A. 执行"修改"→"分离"命令　　　B. 执行"修改"→"转换为元件"命令

C. 按 Ctrl+G 快捷键　　　D. 以上说法都不对

(3)以下(　　)工具可以对图形进行变形操作。

A. 选择工具　　　B. 任意变形工具　　C. 橡皮擦工具　　D. 渐变变形工具

(4)在对包含有很多字符的文本执行"修改"→"分离"命令后,每个文本块中所包含的字符数为(　　)。

A. 1　　　　　　B. 2　　　　　　　C. 3　　　　　　　D. 4

(5)下列属性中为字符属性的是(　　)。

A. 样式　　　　　B. 边距　　　　　C. 缩进　　　　　D. 间距

(6)使用"文本工具"输入的文字只能在属性面板中设置单一的纯色颜色,如果要填充渐变色,则必需分离成(　　)。

A. 位图　　　　　B. 矢量图　　　　C. 元件　　　　　D. 组合

(7)如果想把复制的对象粘贴到本身的位置可选择(　　)。

A. 粘贴　　　　　B. 选择性粘贴　　C. 粘贴到当前位置　D. 多重粘贴

2. 填空题

(1)在 Flash CS6 中,传统文本可以分为_____、_____和_____三种类型。

(2)选择_____工具,可以改变图形的中心控制点。

(3)对于文本均可以使用文本"属性"面板中的_____选项给文本添加特效。

（4）对于绘制好的图形，如果其节点过多，可以使用"修改"菜单中的＿＿＿＿＿＿或＿＿＿＿＿＿命令对其进行适当处理。

（5）只有在选择"＿＿＿＿＿＿渐变"时，渐变编辑状态才会出现"渐变焦点控制柄"。

（6）"任意变形工具"  的扭曲和封套功能只适用于＿＿＿＿＿＿的形状对象，当对象为元件、文本、位图和渐变时这两种变形操作选项处于不可用状态。

（7）使用＿＿＿＿＿＿面板可以对齐、匹配大小或分布舞台上元素间的相对位置以及相对于舞台位置。

（8）如果排列的对象中包含有分离的矢量图形，即使选择"移至顶层"菜单命令，矢量图形始终位于元件实例、位图和组合对象之＿＿＿＿＿＿。

3. 简答题

（1）简述 Flash CS6 中的移动和复制操作技巧。

（2）简述 Flash CS6 中的"套索工具"的使用技巧。

（3）如何设置文本的字符和段落属性。

（4）简单说明"任意变形工具"的使用方法。

（5）简述如何处理导入的位图图像，以减少文件的体积。

实训　掌握编辑图形与创建文本的方法

一、实训目的

（1）熟练运用"变形"面板进行变形设置。

（2）掌握文本工具的使用。

（3）掌握 Flash CS6 中"任意变形工具"的使用方法。

（4）熟悉图形的编辑调整和文字特效的操作技巧。

（5）掌握"修改"菜单命令的使用和文本、位图对象的处理转换。

二、实训内容

（1）熟悉工具箱中的"任意变形工具"和"渐变变形工具"的基本设置。

（2）使用绘图工具和色彩工具制作图形并填充颜色。

（3）使用工具并借助"变形"面板对绘制的图形进行编辑调整，熟悉"变形"面板和"修改"菜单命令的使用。

（4）综合使用各种绘图工具和文本工具创作设计如图 3-136 所示的网站或品牌的 LOGO 标志。

图 3-136　网站或品牌的 LOGO 标志

（5）使用导入位图并对位图对象进行处理转换，结合文本工具和"变形"面板设计创作一幅如图 3-137 所示的以"迎中秋庆国庆"为主题的图形，并进行适当的变形处理。

图 3-137　"迎中秋庆国庆"主题图形

（6）利用文本工具和对文本对象进行处理转换，制作如图 3-138 所示的渐变字、如图 3-139 所示的空心字、如图 3-140 所示的荧光字、如图 3-141 所示的图案文字、如图 3-142 所示的霓虹灯效果文字。

图 3-138　渐变字

图 3-139　空心字

图 3-140　荧光字

图 3-141　图案文字

（7）使用绘图工具、文本工具、"任意变形工具"和"变形"面板制作一如图 3-143 所示的环绕圆排列的文字图形。

图 3-142　霓虹灯效果文字

图 3-143　环绕圆排列的文字图形

（8）使用绘图工具、文本工具、图片素材的处理方法和滤镜特效制作如图 3-144 所示包含投影字、立体字效果的中秋贺卡。

图 3-144　包含投影字、立体字效果的中秋贺卡

项目4　动画制作基础

项目描述

本项目主要介绍 Flash CS6 中元件与实例的相关概念，了解元件与实例的基本操作，同时介绍 Flash CS6 中"库"面板与时间轴的基本使用方法。

项目目标

通过本项目的学习，大家可以了解元件与实例的基本概念，"库"面板的作用与基本操作方法，熟悉图层基本作用及其编辑方法，以及帧的类型及其编辑方法，掌握创建和编辑元件与实例的方法。

任务1　制作"满天流星"的动画

一、任务说明

本任务主要通过一个"满天流星"的案例，帮助读者了解元件与实例的基本概念，了解在 Flash 动画中合理使用元件可以减小文件量，修改实例对元件产生的影响，以及修改元件对实例产生的影响等相关知识。

二、任务实施

1. 绘制一个静态图形元件"星星"

（1）启动 Flash CS6，选择"文件"→"新建"菜单，新建一个 ActionScript 2.0 的 Flash 新文档，单击"修改"→"文档"命令，打开如图 4-1 所示的"文档设置"对话框，在其中将文档背景颜色设为深蓝色。

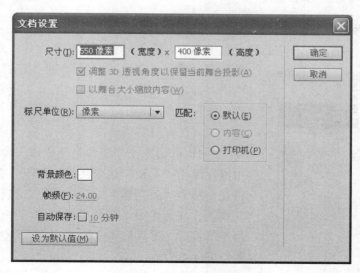

图 4-1　"文档设置"对话框

（2）单击"插入"→"新建元件"命令，打开如图 4-2 所示的"创建新元件"对话框，在"名称"文本框中输入"星星"，在"类型"下拉列表中选择"图形"，其他保持默认设置，然后单击"确定"按钮，出现如图 4-3 所示的工作界面。

图 4-2　"创建新元件"对话框

（3）在工具箱中选择"多角星形工具"，并在其属性中单击"选项"按钮，将其样式设置为"星形"，同时将其笔触颜色设为"无"，填充颜色设为"黄色"，在窗口中央画一个小小的黄色五角星，使黄色五角星的中心与工作窗口中的"+"基本重叠。操作结果如图 4-4 所示。

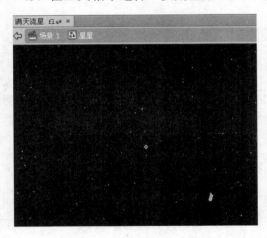

图 4-3　"元件"编辑界面

图 4-4　绘制"星星"元件

2. 新建一个动态图形元件"变化的星星"

（1）再次单击"插入"→"新建元件"命令，在打开的"创建新元件"对话框中，将元件名称设置为"变化的星星"，类型选择"图形"，然后单击"确定"按钮，进入到如图 4-3 所示的"元件编辑界面"。

图 4-5　"库"面板

（2）在窗口右侧单击"库"面板，（如果窗口右侧无"库"面板，请单击"窗口"→"库"命令），并在其中用鼠标单击"星星"这个元件，如图 4-5 所示。然后，将光标移到"五角星"这个图形上，按住鼠标左键，将其拖到工作区中央，松开鼠标左键，并调整工作区中五角星的位置，将其与其中的"+"尽量重叠。完成的界面类似图 4-4 所示。

（3）选择时间轴面板中的图层 1，分别在第 15 帧和

第 25 帧处插入一个关键帧，操作界面部分截
图如图 4-6 所示。分别单击第 15 帧和第 25 帧，
使用任意变形工具，将工作区中的星星适当放
大，使第 25 帧的星星比第 15 帧的更大。同时，
选择第 25 帧，单击"属性"面板，在其中单
击"样式"下拉列表，从中选择"Alpha"，并
在其下的文本框中将 Alpha 参数设置为"0"。
操作界面如图 4-7 所示。

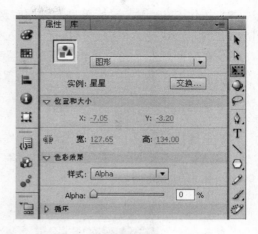

图 4-6　"时间轴"面板　　　　　　　图 4-7　修改元件的 Alpha 属性

（4）将光标分别移到第 1 帧和第 15 帧，在其上单击右键，在快捷菜单中单击选择"创建
传统补间"命令，这样分别在第 1 帧到第 15 帧和第 15 帧到第 25 帧之间创建了一个传统运动
补间动画。此时，选择第 1 帧，然后按"回车"键，即可看到一个由小到大并逐渐变透明的
"变化的星星"。

3. 新建一个影片剪辑元件"单个流星"

（1）再次单击"插入"→"新建元件"命令，在打开的"创建新元件"对话框中，将元
件名称设置为"单个流星"，类型选择"影片剪辑"，然后单击"确定"按钮，进入到如图 4-3
所示的"元件"编辑界面。

（2）将光标移动到时间轴中"图层 1"名称上，单击鼠标右键，在快捷菜单中选择执行
"添加传统运动引导层"命令，此时，时间轴上出现如图 4-8 所示的运动引导层。（此处，添
加运动引导层，是为了使流星能按照一定的曲线路径有规律的排列，后面可以删除该引导层。）

（3）单击选择"引导层"的第 1 帧，并在工作区中用"钢笔工具"绘制一条平滑的曲线
路径，参考样式如图 4-9 所示。

图 4-8　添加运动引导层　　　　　　　　图 4-9　绘制好的曲线路径

（4）单击选择"图层 1"的第 1 帧，从"库"中选择"变化的星星"这个元件，然后按
住鼠标左键，将其拖动到工作区，放置在曲线的左下角，效果如图 4-10 所示。

图 4-10　"变化的星星"元件放置在曲线左下角

（5）按住 Shift 键，鼠标单击左键同时选中"引导层"和"图层 1"的第 25 帧，然后单击鼠标右键，在快捷菜单中选择执行"插入帧"命令。

（6）在时间轴左下角，单击"新建图层"按钮，创建一个新图层"图层 3"，然后单击选择"图层 1"，在右侧选中的第 1 帧上单击鼠标右键，并在快捷菜单中选择执行"复制帧"命令。单击选择"图层 3"，在右侧第 1 帧上单击鼠标右键，并在快捷菜单中选择执行"粘帖帧"命令。

（7）重复执行新建一个动态图形元件"变化的星星"中的第 3 步共 11 次，此时，最终出现"图层 14"。分别调整每一层中星星的位置，使星星沿着曲线路径间隔一定的距离排列。效果如图 4-11 所示。

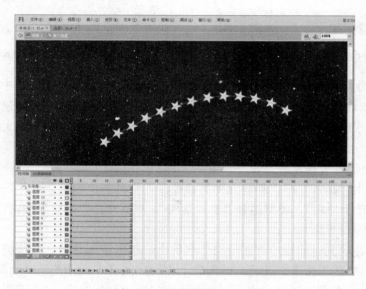

图 4-11　多个星星的排列

（8）单击选择"图层 3"，在右侧时间轴上选中第 1 帧～第 25 帧，按住鼠标左键，将选中的帧向右移动 2 帧，使图层 3 的第 1 个关键帧处于第 3 帧的位置。此时时间轴中图层 1 和图层 3 如图 4-12 所示。

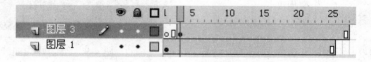

图 4-12　图层 3 移动帧后效果

（9）分别在"图层 4"到"图层 14"之间的每一图层重复第 8 步操作，使每个图层比其下面一个图层右缩进 2 帧。操作结束后的时间轴效果如图 4-13 所示。

（10）在时间轴中右击选择"引导层"，并在快捷菜单中选择执行"删除图层"命令。删除此引导层。

4．制作流星动画效果

（1）在工作区中用鼠标左键单击选择"场景 1"，在时间轴中用鼠标左键单击选择"图层 1"，将光标移到"库"面板中的"单个流星"元件上，按住鼠标左键，将其拖到工作区，放在任

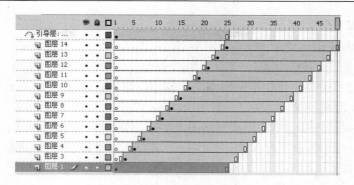

图 4-13　所有图层移动帧后的效果

意位置。重复拖动"单个流星"元件若干次到工作区,任意位置排列,工作区效果如图 4-14 所示。

（2）单击"控制"→"测试影片"→"在 Flash Professional 中"命令,预览动画效果。如果效果不太理想,可以重新调整工作区中每个实例的位置,直到满意为止。动画效果如图 4-15 所示。然后单击"文件"→"保存"命令,以"满天流星.fla"为文件名保存该动画文件。

图 4-14　工作区效果

图 4-15　动画效果

（3）单击"文件"→"另存为"命令,以"满天流星调整 1.fla"为文件名重新保存该动画文件。然后,在工作区分别调整每个实例的形状和位置,界面效果如图 4-16 所示。单击"控制"→"测试影片"→"在 Flash Professional 中"命令,预览动画效果,动画效果如图 4-17 所示。然后单击"文件"→"保存"命令,保存该动画文件。

图 4-16　调整实例形状和大小后工作区效果

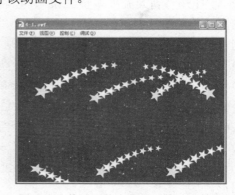

图 4-17　修改形状和位置后的动画效果

三、知识进阶

1. 理解元件与实例的概念

在使用 Flash 制作动画时，同一个元素常常会被多次用到，像上例中的"满天流星"。在一般软件中可能会使用多次复制粘贴的方法来制作，如果用这种方法来做，会使文件体积增大，无法在网页上流畅播放。

Flash 可以把需要重复使用的图形转换为元件，这个元件会自动保存到库中。需要使用这个元件时，只要从库中拖到工作区即可。这样，所有的流星其实都只是调用一个元件，这使 Flash 生成的文件量成倍减小，使动画可以在网页中更流畅地播放。

元件的具体表现形式为实例。当把元件从库中拖到工作区时，这时在舞台的这个元件就被称作为库中该元件的一个实例。

元件与实例的定义可以概括如下：在 Flash 中，元件是指创建一次即可多次重复使用的图形、影片剪辑或者按钮，是构成 Flash 动画的基本元素。实例是指位于舞台上或嵌套在另一个元件内的元件副本。简单来说，在库中的对象称为元件，拖到舞台上以后就叫实例了，一个元件可以被拖出多个实例。像上例中"单个流星"这个影片剪辑元件被多次使用，在舞台上拖出了多个实例。

（1）修改实例对元件产生的影响。修改实例的大小和形状，对元件本身没有任何改变，当然，对动画效果的影响显然是存在的。在上例"满天流星调整 1.fla"中，把"单个流星"的实例进行了大小和形状的改变，可以观察到此时库中的"单个流星"元件并没有任何影响。

动画制作中，不仅仅可以对实例的大小和形状进行修改，有时也可以根据需要对实例的颜色进行修改，这种修改，同样不会对库中的元件有任何影响。

在上例"满天流星调整 1.fla"中，选择舞台上某个实例后单击"属性"面板，展开"色彩效果"，在其中"样式"下拉列表中选择"色调"，修改该实例的颜色为白色。使用同样的方法，另外再修改一个实例，将其颜色改为绿色，预览该动画效果，如图 4-18 所示，同时观察库中元件的效果。此时发现，动画中有两个流星分别被改成了白色和绿色效果，其余流星保持原来的颜色不变。这说明，修改某个实例的颜色只对该实例有效，不会影响其他实例，同时也不会影响库中的元件。

（2）修改元件对实例产生的影响。将上例"满天流星调整 1.fla"复制为"满天流星调整 2.fla"，打开"满天流星调整 2.fla"，在右侧的"库"面板中选择"星星"元件，单击右键，在快捷菜单中选择"编辑"，进入到"星星"元件的编辑界面，把其中的星星删除，重新绘制一个"米"字形形状，具体绘制方法如下。

1）选择右侧工具箱的"线条工具"，在工作区绘制一条黄色直线。

2）选择"选择工具"，选中这根直线，单击"窗口"→"变形"命令，打开如图 4-19 所示的"变形"面板，在其中设置旋转角度"30 度"，然后单击右下角"重制选区和变形"按钮，共单击 5 次，这样就能得到一个"米"字形，效果如图 4-20 所示。

3）然后，保存该文件并单击"控制"→"测试影片"→"在 Flash Professional 中"命令，预览动画效果，如图 4-21 所示。此时，发现所有的"五角星"均被替换成了"米"字形图形。

从这个效果中，可以明白，修改元件将会影响所有与该元件相关的实例。在该例中，"星

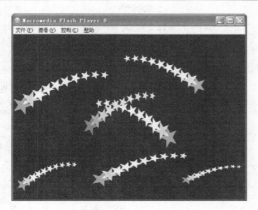

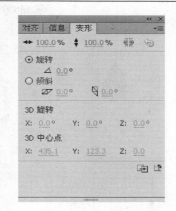

图 4-18 修改颜色后的动画效果   图 4-19 "变形"面板

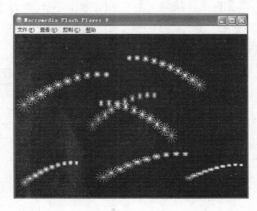

图 4-20 "米"字形图形   图 4-21 改成"米"字形后的动画效果

星"是一个基本元件，在制作"变化的星星"元件时，用到了"星星"元件的实例，在制作"单个流星"元件时，又用到了"变化的星星"元件的实例。因此，一旦修改了"星星"元件，那么，与此相关的元件及其实例均发生了变化。

（3）元件与实例的关系。元件与实例不完全相同，但两者又相互联系。首先，实例的基本形状由元件决定，这使得实例不能脱离元件的原形而无规则地变化。一个元件可以有多个与它相联系的实例，但一个实例只能对应于一个确定的元件。

另外，实例具有与之对应的元件的一切特性，但又与元件有本质的不同：首先，两者的使用范围不同，实例在前台，元件在后台；其次，编辑方式不同，舞台上的实例通过"属性"面板编辑修改，"库"中的元件可用工具编辑；最后，修改效果不同，元件修改后，舞台上的所有实例将同步被修改，实例修改后，并不影响元件，也不影响其他实例，而且，实例只能进行属性修改，而元件可以进行编辑修改。

2. 创建与编辑元件

元件必须先创建后使用。创建元件有两种方法，一种是在 Flash 中直接创建一个新的空白元件，然后在元件编辑模式中创建、编辑元件的内容；另一种是可以把现有图形转换为元件。

（1）新建图形元件。在制作"满天流星.fla"的过程中，制作静态图形元件"星星"和动态图形元件"变化的星星"，就是采用直接创建新元件的方法完成的，这里不再重复。

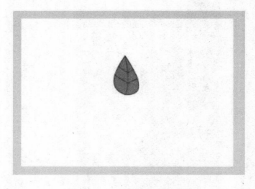

图4-22　"树叶"图形

需要强调的是在如图4-2所示的"创建新元件"对话框中，最好要给元件取一个有意义的名字，这样便于识别。

（2）将现有图形转换为元件。有时我们通过其他方式获得或绘制了一个图形，这时可以把该图形转换为元件。具体操作方法如下。

1）新建一个空白文档，在工具箱中选择合适的工具，绘制一片树叶，如图4-22所示，然后用"选择工具"选取这片树叶。

2）单击"修改"→"转换为元件"命令，打开如图4-23所示的"转换为元件"对话框，在其中设置合适的元件名称，选择合适的元件类型，然后单击"确定"按钮。此处，元件名称设为"树叶"，元件类型为"图形"。在右侧库中会出现相应的元件信息。

图4-23　"转换为元件"对话框

3）这时舞台上的图形已经变为相应元件的一个实例了。如果此时还需要得到该元件的其他实例，那么，可以从库中直接选取该元件，将其拖动到工作区即可。

 提　示

　　不仅图形可以转换为元件，文字和图片也可以转换为元件。在工作区中输入一段文字，选择文字，用"修改"→"转换为元件"命令或按快捷键F8键，将其转换成图形元件。可以发现，其特性和其他元件特性相同。

（3）元件的分类。在 Flash 中，元件由图形元件、按钮元件和影片剪辑元件3类组成，这些元件的特点和适用场合有所区别。

图形元件：图形元件一般主要用于静态的图形，它是最基本的一种元件类型。也可以由多个图形元件组成一个新的图形元件。

按钮元件：按钮元件主要是具备鼠标事件响应效果的一种特殊元件。按钮元件有4种状态，分别是鼠标弹起的状态、鼠标指针经过按钮的状态、鼠标被按下的状态和鼠标单击范围的状态。

影片剪辑：影片剪辑是构成 Flash 复杂动画必不可少的元件，它是一种比较特殊的元件，它有自己的时间轴、图层及其他图形元件。影片剪辑在复杂动画或 Flash 的 ActionScript 编程中会被用到。在上例"满天流星.fla"文件中的"单个流星"元件就是影片剪辑元件，从动画的最终效果来看，场景中只用一帧，就表现出了多个流星的变化效果。这主要是因为在动画的场景中使用的是影片剪辑元件，他能独立于主时间轴播放。

（4）元件的编辑。元件在创建之后，元件与其对应的实例之间有一种继承关系，这种继承关系的一个优点是：如果在"库"面板中改变了一个元件，那么舞台上的所有该元件的实例都将更新，这在 Flash 项目做大范围更新时会大大提高效率。对比文件"满天流星调整 1.fla"和"满天流星调整 2.fla"，可以看出，把元件"星星"的图形更换之后，动画的效果也就随之而改变了。

编辑元件的具体方法如下。

在"库"面板中选择需要编辑的元件，在其上单击鼠标右键，在快捷菜单中选择执行"编辑"命令，即可进入元件的编辑界面，此时，可以改变元件的形状、颜色等，也可以使用各种绘图工具重新绘制图形等。完成编辑后，单击舞台上的"场景 1"按钮，回到影片编辑状态，完成任务后，保存此文件即可。

（5）按钮元件的创建。按钮元件同样可以新建和转换。能创建按钮元件的元素可以是导入的位图图像、矢量图像、文本对象及使用 Flash 工具创建的任何图形，选择要转换为按钮元件的对象，按 F8 键，弹出"转换为元件"对话框，在类型中选择"按钮"，单击"确定"按钮，即可完成按钮元件的创建。

按钮元件除了拥有图形元件的全部变形功能，其特殊性在于它具有 3 个"状态帧"和 1个"有效区帧"。3 个状态帧分别是"弹起"、"指针经过"、"按下"。在这 3 个状态帧中，可以放置除了按钮元件本身以外的所有 Flash 对象。"有效区帧"中的内容是一个图形，该图形决定着当鼠标指向按钮时的有效范围。

按钮可以对用户的操作做出反应，所以是"交互"动画的主角。从外观上，按钮可以是任何形式。例如，可能是一幅位图，也可以是矢量图；可以是矩形，也可以是多边形；可以是一根线条，也可以是一个线框；甚至还可以是看不见的"透明按钮"。

按钮有特殊的编辑环境，通过在 4 个不同状态的时间轴上创建关键帧，可以指定不同的按钮状态，如图 4-24 所示。

图 4-24　按钮的 4 种状态

"弹起"帧：表示鼠标指针不在按钮上时的状态。

"指针经过"帧：表示鼠标指针移到按钮上面时的状态。

"按下"帧：表示鼠标指针在按钮上按下时的状态。

"点击"帧：定义对鼠标做出反应的区域，这个反应区域在影片播放时是看不到的。

"点击"帧比较特殊，这个关键帧中的图形将决定按钮的有效范围。在这一帧可以绘制一个图形，这个图形应该大到足够容纳前 3 个帧的内容。这一帧图形的形状、颜色等属性都是不可见的，只有它的大小范围起作用。

有时按钮一闪一闪的，很难单击它，这一般发生在文字类按钮，如果没有在"按钮有效区"关键帧上设置一个适当图形，那么，这个按钮的有效区仅是第 3 帧"按下"时的对象，文字的线条较细且分散，将很难找到"有效区"。所以对于文字按钮而言，一般要在"点击"帧中绘制一个图形。

3．创建与编辑实例

（1）创建实例。从"库"面板中用鼠标按住某个元件，将其拖入舞台的过程就是创建该元件的一个实例。在案例"满天流星.fla"的制作中，就创建了多个"单个流星"元件的实例。

（2）编辑实例。每个实例都有其自己的属性，这些属性相对于元件来说是独立的。因此，可以对每个实例分别更改其颜色、亮度、透明度等，也可以对实例进行缩放、旋转或扭曲等操作，还可以改变实例的类型及其动画播放模式，但所有的这些操作均不会影响到元件本身和其他由同元件产生的实例。读者可以通过编辑实例前后的动画效果对比得出相应结论。

4．"库"面板介绍

"库"面板是 Flash CS6 存储和组织元件、位图图形、声音元件、视频元件和字体的容器，因为每种媒体都有与之相关的不同图标，所以从图标上就能轻松识别出不同的库资源。

为了更全面地了解"库"面板的组成部分，可以先把"库"面板单独显示出来。如果在工作区中"库"面板没有显示，选择执行"窗口"→"库"命令，在工作区右侧将显示"库"面板，然后单击面板右上方的"新建库面板"按钮，把"库"面板单独显示出来。效果如图4-25 所示。

为了更好地观察，把"库"面板移动到屏幕中间，鼠标点中该"库"面板右下角，拖动扩大"库"面板，直到"库"面板里的所有信息显示出来，效果如图4-26 所示。

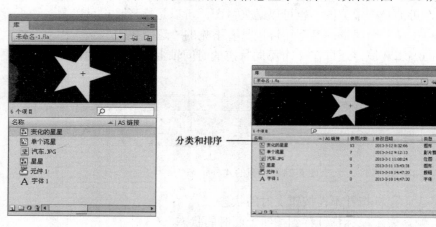

　　　　图4-25　"库"面板　　　　　　　　　图4-26　扩大后的"库"面板

（1）对象预览窗口。当在"库"面板中选中一个对象时，在对象预览窗口会出现此对象的缩略图预览。如果此对象是影片剪辑或音频，在预览窗口右上方会出现"播放"▶和"停止"■按钮，可以对影片剪辑或音频在预览窗口内进行播放和停止。

（2）分类和排序。名称：对象的名称，可以给对象取中文的名称，像 Windows 的资源管理器一样。如果单击"名称"项，所有的对象会按文件名首字母的升序进行排列，再单击一次，会按照文件名首字母的降序排列。

类型：对象的种类，包括位图、图形、影片剪辑、声音和按钮等。如果单击"类型"项，对象会按照类型的顺序排列。

（3）使用次数。表示某个对象在影片中的使用次数。

（4）库菜单。显示和库相关的各种操作命令。这个菜单几乎包括所有的和库相关的命令。

（5）固定当前库。选中该项后，当前库被锁定。当切换多个文档时，固定后的"库"面板不会随文档变化而发生改变。

（6）新建库面板。选中该项后，会弹出一个新的"库"面板。在多库切换列表中可以选择不同文档的库，方便在库之间进行素材的复制。

任务 2 制作"夜空星星闪烁"的动画

一、任务说明

本任务主要通过一个"夜空星星闪烁"的动画，了解在动画中导入对象到库的操作，了解如何使用其他文件的库资源，提高对元件编辑的技能。

二、任务实施

1. 导入一幅表示夜空的图片到"库"面板

（1）启动 Flash CS6，新建一个空白文档。

（2）单击"文件"→"导入"→"导入到库"命令，打开如图 4-27 所示的"导入到库"对话框，从中选择一个合适的图片文件，然后单击"打开"按钮。

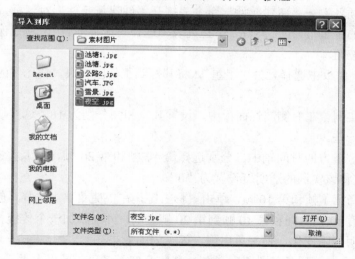

图 4-27 "导入到库"对话框

（3）单击"窗口"→"库"命令，在工作区右侧出现"库"面板，可以看到在"库"面板中有一个位图元件"夜空.jpg"，这就是刚才导入到库的图片文件。选择该元件，按住鼠标左键，将其拖入到场景中央。

（4）在场景中选择该图片，然后选择工作区右侧"属性"面板，在如图 4-28 所示的区域，设置其位置和大小，此处将 X、Y 分别设置为 0，宽和高分别设置为 550 和 400。X 和 Y 设置为 0 是为了保证图片左上角和舞台左上角对齐；宽和高设置为 550 和 400，是为了保证图片和舞台一样大小。这样设置以后，图片就和舞台完全重叠。

图 4-28 编辑图片实例的位置和大小

2. 打开其他文件的库，选择可用的元件"星星"

（1）单击"文件"→"导入"→"打开外部库"命令，在打开的对话框中选择"满天流星.fla"文件。此时，在当前文档中，多出了一个文件"满天流星.fla"的"库"面板。从中选择图形元件"星星"，将其拖动到场景中，然后关闭文件"满天流星.fla"的"库"面板，再打开本文档的"库"面板，此时可以发现，这个"星星"元件已经被复制到当前文件的"库"面板中。

（2）在场景中，选择刚刚拖入过来的"星星"元件的实例，将其删除。

3. 新建一个影片剪辑元件"闪烁的星星"

（1）单击"插入"→"新建元件"命令，打开"创建新元件"对话框，在"名称"文本框中输入"闪烁的星星"，在"类型"下拉列表中选择"影片剪辑"，其他保持默认设置，然后单击"确定"按钮。

（2）从"库"面板中选择元件"星星"，将其拖到工作区中央，使元件的中心与工作区的 + 对齐。

（3）选择该实例，在右侧属性面板中，设置其宽和高分别为 18，这样使星星小一点，使动画效果更细腻一些。

（4）在工作区下方的时间轴中，分别选择第 10 帧和第 20 帧，插入关键帧。然后在第 1帧和第 20 帧处，将该实例的透明度设置为"0"。

（5）分别选择第 1 帧和第 10 帧，单击鼠标右键，在快捷菜单中选择"创建传统补间"命令，在第 1 帧到第 10 帧之间和第 10 帧到第 20 帧之间，分别添加一个传统补间动画，使星星由暗到明，再由明到暗变化，使星星出现一闪一闪的效果。

4. 在场景中添加"闪烁的星星"实例，制作夜空星星闪烁的动画效果

（1）单击工作区的" 场景 1 按钮，回到场景 1。

（2）在时间轴左下方，单击"新建图层"按钮，添加一个新图层"图层 2"，从"库"面板中多次拖出"闪烁的星星"元件到图层"图层 2"中，并随意排列。

（3）单击"控制"→"测试影片"→"在 Flash Professional 中"命令，预览动画效果。如果效果不太理想，可以重新调整工作区中每个实例的位置及星星闪烁的速度，直到满意为止。此处，由于星星闪烁速度太快，因此单击"修改"→"文档"命令，在打开的对话框中

设置帧频为"12"，然后单击"确定"按钮。最后单击"文件"→"保存"命令，以"夜空星星闪烁.fla"为文件名保存该动画文件。动画最终效果如图 4-29 所示。

图 4-29　夜空星星闪烁动画效果

三、知识进阶

1. 导入对象到库

在动画制作过程中，难免需要使用到外部文件。对外部文件，一般是先导入后使用。导入操作可以通过"文件"→"导入"命令，可以发现，有"导入到舞台"、"导入到库"、"打开外部库"、"导入视频"等 4 个子菜单项。其中，"导入到舞台"可以把外部文件（如图片）导入到舞台，同时，也被导入到库中。"导入到库"是把外部文件直接导入到库中，舞台上并没有出现相应的内容，如果有需要，可以将其从库中拖到舞台上。这种做法在一次导入多个对象时比较常用。

2. 使用其他文件的库

在制作 Flash 动画时，可以使用其他文件的库。这样，一旦制作完一个 Flash 动画，在另外一个动画中如果需要其中某个元素，就不再需要重新制作，只需直接打开这个文件的库就行。在"夜空星星闪烁.fla"文件的制作中，就打开了其他文件的库。

 提示

在导入另外一个文件的库时，如果这个外部库中的对象和当前文件同名，把这个对象拖到舞台上时，系统会提示，是导入的元件不覆盖原有元件继续使用，还是导入元件覆盖原有元件。一般情况下，选择前者，这样实际上是等于没有导入，然后把原有库对象的名称重命名，再重新把这个外部库的对象拖进来。

3. 使用公用库

每个 Flash 动画都可以使用 Flash 软件自带的公用库，这样，在动画制作中可以适当减少一些工作量。具体操作方法如下。

（1）启动 Flash CS6，新建一个空白文档。

（2）单击"窗口"→"公用库"→"buttons"命令，打开如图 4-30 所示的"外部库面板"。

（3）在"外部库面板"中，看到的是一个个的文件夹，在文件夹下面才是真正的对象。双击任意打开一个文件夹，如 buttons bar capped，可以展开这个文件夹下的所有对象，任意选取一个，可以进行预览，如图 4-30 所示。

（4）按住某个元件的名称不放，此处选择 bar capped orange，或按住这个元件的缩略图不放，直接把这个元件拖到舞台，就可以使用这个元件了。而且，此时这个元件会被复制到当前文件的"库"面板中。关于舞台变化、公用库和当前库的变化如图 4-31 所示。

图 4-30　"外部库面板"　　　　　图 4-31　使用外部库元素之后的操作界面

任务 3　制作简单的"雪花飘落"动画

一、任务说明

本任务主要通过一个简单的"雪花飘落"动画，帮助用户了解动画制作过程中图层的使用。

二、任务实施

1. 制作一个"雪"的图形元件

（1）启动 Flash CS6，新建一个空白文档，将文档背景颜色设置为深蓝色，在"图层 1"中第 1 帧上导入一张雪景图片。

（2）单击"插入"→"新建元件"命令，打开"创建新元件"对话框，在"名称"文本框中输入"雪花"，在"类型"下拉列表中选择"图形"，其他保持默认设置，然后单击"确定"按钮，进入元件的编辑界面。

（3）选择"刷子工具"，把填充颜色设置为白色，选好刷子的形状和大小，在舞台的中心画一个小小的圆作为雪花。

2. 制作一个"雪花飘落"的影片剪辑元件

（1）单击"插入"→"新建元件"命令，打开"创建新元件"对话框，在"名称"文本框中输入"雪花飘落"，在"类型"下拉列表中选择"影片剪辑"，其他保持默认设置，然后单击"确定"按钮，进入元件的编辑界面。

（2）将光标移到工作区下方的时间轴，在"图层 1"上单击鼠标右键，从快捷菜单中选择执行"添加传统运动引导层"，此时时间轴中添加了一个运动引导层，效果如图 4-32 所示。

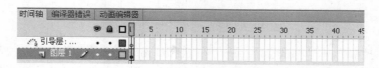

图 4-32　时间轴添加了"运动引导层"

（3）在时间轴中单击"引导层"的第 1 帧，在工具箱中选择铅笔工具，选择合适的颜色和铅笔模式，在工作区中任意画一条曲线（这条曲线就是雪花飘落的过程线路，想让雪花怎么飘就怎么画），效果如图 4-33 所示。

图 4-33　引导层中绘制的曲线

（4）在时间轴中选择"图层 1"的第 60 帧，单击鼠标右键，选择"插入关键帧"项，在"引导层"的第 60 帧，单击鼠标右键，选择"插入帧"项。

（5）在"图层 1"中，选择第 1 帧，将雪花实例进行移动，确保其中心对准引导曲线的起始端点；选择第 60 帧，将雪花实例进行移动，确保其中心对准引导曲线的结束端点；然后将光标置于这两帧中的任意位置，单击鼠标右键，在快捷菜单中选择"创建传统补间"项。

（6）继续选择"图层 1"第 60 帧，再用选择工具单击这一帧中的雪花，在右侧属性面板中选择样式里的 Alpha，把它设置为 0%。

（7）用同样的方法，再创建几个雪花的影片剪辑，但请在不同的影片剪辑中绘制不同的引导线形状，雪花也要适当调整一下大小。

3. 制作"雪花下落"的动画效果

（1）单击工作区的"场景 1" 场景1 按钮，单击"文件"→"导入"→"导入到舞台"命令，选择一个合适的雪景图片导入到舞台中。在场景中选择该图片，然后选择工作区右侧"属性"面板，设置其位置和大小，此处将 X、Y 分别设置为 0，宽和高分别设置为 550 和 400，使图片和舞台完全重叠。

（2）单击时间轴左下方的"新建图层"按钮，添加一个新图层"图层 2"，把刚才做好的"雪花飘落"影片剪辑拖到场景中（此处做了 3 个不同的雪花飘落的动画，所以要分别把 3 个都拖到场景中）。要放多少在场景中就看个人喜好了，可以边放边测试一下，看看效果。

（3）继续新建一个"图层 3"，在"图层 3"第 10 帧插入关键帧，按"图层 2"的方法往场景中拖入"雪花飘落"影片剪辑。

（4）再新建一个"图层 4"，在"图层 4"第 20 帧插入关键帧，用同样的方法往场景中拖雪花（依次类推，想要多建几个图层也行，此处只建了 3 个）。最后在"图层 2"、"图层 3"、"图层 4"第 60 帧处，单击右键插入帧。完成后的时间轴效果如图 4-34 所示。

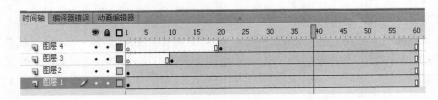

图 4-34 时间轴效果

（5）单击"控制"→"测试影片"→"在 Flash Professional 中"命令，预览动画效果。如果效果不太理想，可以重新调整工作区中每个实例的位置，直到满意为止。最后单击"文件"→"保存"命令，以"雪花飘落.fla"为文件名保存该动画文件。动画效果如图 4-35 所示。

图 4-35 雪花飘落动画效果

三、知识进阶

1. 创建和编辑图层

在一个 Flash 动画中，一般有多个元素，各个元素之间的变化方式不同。因此，一般需要把动画元素分多个图层处理。

图层就像叠在一起的透明纸，从上面可以看到下面的一层，而且各层之间可以独立编辑和操作，这样就可以轻松制作场景复杂的动画。也可以把图像和声音放在不同的层中，在制作时便于编辑。

（1）创建新图层。创建一个新图层常用的方法是：直接单击时间轴左下角的"新建图层"按钮 ，可以在当前图层的上方创建一个新图层。另外，也可以单击"插入"→"时间轴"→"图层"，完成图层的创建。

（2）层的查看。在进行动画制作过程中，如果由于图层元素太多不便于处理时，可以将某些图层隐藏。隐藏后的图层将不能被编辑。另外，有时也可以显示轮廓的方式来显示图层内的对象。

1）层的显示和隐藏。单击时间轴上查看图标 下相对应的某一层的小黑点，该层原来黑点的位置出现一个红色的叉，表明该层已被隐藏，该图层的元素将不可见。再次单击红色的叉，又可以显示该图层的内容。如果直接单击眼睛图标 ，可以将所有的图层都隐藏，再次单击该图标，将显示所有图层。

2）显示轮廓。如果舞台上的对象较多，有时也可以用轮廓线显示的方式来查看对象。使用轮廓线方式显示的图层中的对象只显示其轮廓线。单击时间轴上某一层右侧的"显示轮廓" ▨ 按钮，就可以把该层设为轮廓线显示，再次单击该按钮，又恢复图像的显示效果。单击时间轴上的"将所有图层显示为轮廓" □ 按钮，就可以把所有图层设为轮廓线显示，再次单击该图标，又恢复所有图层的显示效果。如图 4-36 所示为正常显示和轮廓线显示的对比效果。

图 4-36　正常显示与轮廓线显示对比效果

（3）编辑图层。

1）图层的选取。在对某个图层操作之前，要先选中该图层。选取图层的常用方法是在对应图层的名称上单击鼠标左键，一旦选中某一图层后，该图层名称右边会出现一个铅笔图标 ，同时，时间轴上的该图层图标高亮显示。

2）删除图层。当不需要某一个图层的时候，可以将其删除。常用的方法是选中该图层，然后，单击时间轴下方的"删除" 🗑 按钮。

> **提示**
>
> 一个动画至少需要一图层，因此，如果动画中只有一个图层，那这个图层不能被删除。

3）复制图层。在一个 Flash 动画中，有时需要两个完全一样的图层。此时，不必重新建立图层中的各种对象，可以采用以下 3 种方法快速实现图层复制。

先单击时间轴上的"新建图层"按钮，新建一个空层，再单击要复制的图层的名称，选取所有帧，然后按住 Alt 键后拖动所选帧到新建图层的时间轴上。

单击要复制的图层名称，然后鼠标右键单击，在打开的右键菜单中选择"复制图层"命令。

单击要复制的图层名称，然后按住鼠标左键，将其拖动到时间轴上的"新建图层"按钮上，此时，时间轴效果如图 4-37 所示。

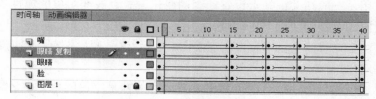

图 4-37　复制眼睛图层

4）重命名图层。在制作动画时，最好给每个图层取一个有意义的名称，这样，便于后期修改和查看各图层内容。给图层重命名，只需要双击图层的名称，然后输入新的名字，按 Enter 键即可。如图 4-37 所示，各图层均有合适的名字。

5）改变图层顺序。在 Flash 动画中，时间轴的图层顺序，决定了舞台上物体的叠放次序。上面图层的内容会覆盖下面图层的内容。如图 4-38 所示为建筑物图层在上面，树图层在下面的效果。如图 4-39 所示为树图层在上面，建筑物图层在下面的效果。

改变图层顺序，只需选中图层，然后按住鼠标左键，将其在时间轴的图层区内上下拖动到所需的位置即可。

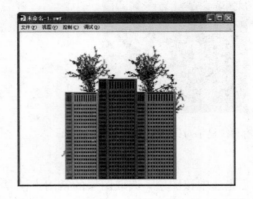   

图 4-38　图层顺序　　　　　　　　　　图 4-39　改变图层顺序

6）创建图层文件夹。在制作 Flash 动画时，如果图层太多，不方便管理，可以把相同的素材类型存放在图层文件夹中，形成可收缩展开式的文件夹。

图 4-40　图层和图层文件夹的关系

选择当前图层，单击时间轴下方的"新建文件夹"按钮，这时所选图层的上方会出现一个文件夹，可以给文件夹起一个有特征的名字。

拖动某个图层到图层文件夹的下方，就可以把该图层放到图层文件夹中，图层和图层文件夹形成一个缩进关系，如图 4-40 所示。

2.　帧及其编辑方法

时间轴上一个一个的格子就是帧。Flash 影片将播放时间分解为帧，用来设置动画运动的方式、播放的顺序及时间等，默认是每秒播放 24 帧。

（1）帧的类型。Flash 中时间轴上的帧，按照功能不同可以分为关键帧、空白关键帧和普通帧三种类型。

关键帧：在时间轴上显示为黑色实心点，表示这帧里有图形等内容。关键帧在动画制作中有很重要的作用，一般在关键帧上设置动画的变化方式，改变对象的属性等。在 Flash 里，至少要有两个不同的关键帧才能产生动画。

空白关键帧：在时间轴上显示为黑色空心点，表示这一帧里没有任何内容，可在空白关键帧上添加新的对象。

普通帧：普通帧显示为一个个的单元格。无内容的帧是空白的单元格，有内容的帧显示出一定的颜色。不同的颜色代表不同类型的动画。如动作补间动画的帧显示为浅蓝色，形状补间动画的帧显示为浅绿色，而静止关键帧后的帧显示为灰色。关键帧后面的普通帧将继承该关键帧的内容。

（2）帧的编辑方法。在时间轴的任意帧上单击鼠标右键，将弹出一个快捷菜单，在这个快捷菜单中包括了帧的主要操作命令。帧的基本操作包括插入帧、插入关键帧、剪切帧、复制帧、粘贴帧、删除帧、清除帧、转换为关键帧，转换为空白关键帧等。

1）插入与清除关键帧。如果要在某个帧上创建一个关键帧，只要在这个帧上单击鼠标左键，此帧成为选中状态，然后单击鼠标右键，在弹出的快捷菜单中选择"插入关键帧"命令即可。

关键帧的清除则需要在这个帧上单击鼠标左键，此帧成为选中状态，然后单击鼠标右键，在弹出的快捷菜单中选择"清除关键帧"命令即可。清除关键帧后，关键帧中的内容同时被清除掉，关键帧变成了普通帧。

2）插入与删除帧。插入帧的方法，在这个帧上单击鼠标左键，将这个帧选中，然后单击鼠标右键，在弹出的快捷菜单中选择"插入帧"命令。

删除帧：在这个帧上单击鼠标左键，将这个帧选中，然后单击鼠标右键，在弹出的快捷菜单中选择"删除帧"命令。

如果要插入或删除多个帧，可以先选中多个帧，然后单击鼠标右键，在弹出的快捷菜单中选择"插入帧"或"删除帧"命令。

3）复制、粘贴、剪切、清除帧。选中要复制的帧，然后单击鼠标右键，在弹出的快捷菜单中选择"复制帧"命令；再选中要进行粘贴位置的帧，单击鼠标右键，在弹出的快捷菜单中选择"粘贴帧"命令。当然也可以同时复制多帧。

如果要剪切某个帧，只要选中该帧，然后单击鼠标右键，在弹出的快捷菜单中选择"剪切帧"命令即可。

如果要清除某个帧，只要选中该帧，然后单击鼠标右键，在弹出的快捷菜单中选择"清除帧"命令即可。清除帧后，该帧变成了空白关键帧。

提 示

删除帧和清除帧是不一样的。删除帧会使时间轴缩短，清除帧只是把该帧里的内容清除，对时间轴的长度没影响。

（3）帧的查看方式。在时间轴的右上角，有一个按钮，在其上单击鼠标左键，出现如图 4-41 所示的快捷菜单，在这个快捷菜单中选择不同的命令，可以以不同方式查看时间轴的帧。默认按标准方式查看。

图 4-41　帧的查看方式

任务 4　制作"水滴入水"动画

一、任务实施

本任务主要通过一个模拟水滴入水的效果，巩固本项目所学的基本知识点，包括库和元件的基本操作、图层的基本操作、帧的基本操作等。动画的效果是当一个水滴掉入水面时，在水面溅起一圈圈水波，同时又溅起几颗小水珠。

二、任务实施

1. **建立水滴、水珠、波纹 3 个元件**

（1）启动 Flash CS6，新建一个空白文档，将文档背景设置为深蓝色。

（2）单击"文件"→"导入"→"导入到舞台"命令，导入一幅预先准备好的池塘图片，并设置图片的宽和高分别为 550 和 400，X 和 Y 分别为 0，确保图片和舞台完全重叠。导入后的效果如图 4-42 所示。将该层的名称设为"背景"，在第 55 帧处单击鼠标右键，在快捷菜单中选择"插入帧"命令。

图 4-42   导入背景图

（3）单击"插入"→"新建元件"命令，打开"创建新元件"对话框，设置元件名称为"水滴"，类型为"图形"，单击"确定"按钮。然后在编辑界面中用"椭圆工具"绘制一个如图 4-43 所示的水滴图形。水滴颜色根据背景图自行设置，此处设置如图 4-44 所示。

图 4-43   水滴图形

图 4-44   水滴水珠颜色设置

（4）单击"插入"→"新建元件"命令，打开"创建新元件"对话框，设置元件名称为"水珠"，类型为"图形"，单击"确定"按钮。然后在编辑界面中用"椭圆工具"绘制一个如图 4-45 所示的水珠图形。水珠图形尽量小一些，此处设置宽和高分别是 10。水珠颜色根据背景图自行设置。此处设置如图 4-44 所示。

（5）单击"插入"→"新建元件"命令，打开"创建新元件"对话框，设置元件名称为
"波纹"，类型为"图形"，单击"确定"按钮。然后在编辑界面中用"椭圆工具"绘制一个如
图 4-46 所示的波纹图形。此处设置波纹的宽和高分别是 36 和 13。

（6）单击选中波纹图形，单击"修改"→"形状"→"将线条转换为填充"，再次单击"修
改"→"形状"→"柔化填充边缘"命令，在柔化填充边缘对话框中将"距离"和"步长"
分别设为 1 像素。

（7）设置波纹的颜色如图 4-47 所示。

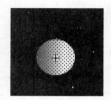

图 4-45　水珠图形

图 4-46　波纹图形

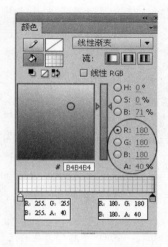

图 4-47　波纹图形的颜色设置

（8）在波纹元件的编辑界面中，选择时间轴的第 25 帧，单击鼠标右键，在快捷菜单中选
择"插入关键帧"命令。然后用选择工具选择第 25 帧处的波纹图形，使用"任意变形工具"
将其适当放大。然后选择第 1 帧，单击鼠标右键，在快捷菜单中选择"创建补间形状"命令，
完成后界面效果如图 4-48 所示。

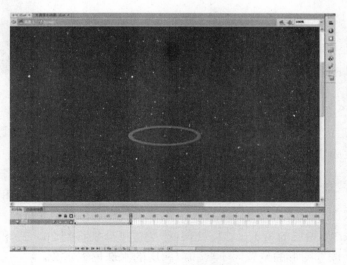

图 4-48　波纹元件的编辑界面

2.　制作水滴入水的动画效果

（1）单击场景 1 按钮，在时间轴中新建一个图层，并将其命名为"水滴"，从库中拖出水滴元件的实例至该层第 1 帧，放置在舞台上合适位置。此处放置在中间偏上的位置。

（2）选择"水滴"图层的第 15 帧，单击鼠标右键，在快捷菜单中选择"插入关键帧"命令，然后将该帧的图形垂直下移到舞台合适位置，此处放置在舞台中间偏下的水面位置。

（3）选择"水滴"图层的第 1 帧，单击鼠标右键，在快捷菜单中选择"创建传统补间"命令。这样水滴下落入水的效果就制作完成了。

3.　制作水滴入水之后，溅起一圈圈波纹的动画效果

（1）在时间轴中新建一个图层，并将其命名为"波纹 1"。选择第 15 帧，单击鼠标右键，在快捷菜单中选择"插入空白关键帧"命令。从库中拖出波纹元件的实例至该层第 15 帧，放置在对应的"水滴"图形下方。如图 4-49 所示。

图 4-49　波纹与水滴的位置

（2）选择"波纹 1"图层的第 40 帧，单击鼠标右键，在快捷菜单中选择"插入关键帧"命令，然后将与该帧对应的波纹实例的透明度设置为 0。

（3）选择"波纹 1"图层的第 15 帧，单击鼠标右键，在快捷菜单中选择"创建传统补间"命令。这样一个由小到大、由深到浅的波纹效果产生了。为了制作出多圈波纹效果，以下使用图层复制的方法实现波纹效果的复制。

（4）在时间轴中，按住"波纹 1"图层，将其移动到左下角"新建图层"按钮上，此时，时间轴中出现"波纹 1 图层复制"这一个新图层，将其重命名为"波纹 2"图层。然后将该层第 15 和 40 两个关键帧分别移到 21 和 46 帧处。

（5）重复第 4 步操作 3 次，依次得到"波纹 3"、"波纹 4"、"波纹 5"图层，"波纹 3"图层两个关键帧的位置分别为 27 和 52 帧。"波纹 4"图层两个关键帧的位置分别为 34 和 59 帧。"波纹 5"图层两个关键帧的位置分别为 40 和 65 帧。

4.　制作水滴入水时，溅起小水珠的动画效果

（1）在时间轴中新建一个图层，将其重命名为"水珠 1"。在第 15 帧处，单击鼠标右键，在快捷菜单中选择"插入空白关键帧"命令。从库中拖出水珠元件的实例至该层第 15 帧，放置在合适的位置，如图 4-50 所示。

图 4-50　水珠的位置

（2）分别在该层的第 22 帧和 28 帧处插入关键帧，将 22 帧的水珠向左上方移动一些距离，并将其透明度设置为 50%。将 28 帧的水珠透明度设置为 0%。

（3）将"水珠 1"图层连续复制三次，依次重命名为"水珠 2"、"水珠 3"、"水珠 4"。

（4）将"水珠 2"图层的第 15、22、28 三个关键帧分别移到 17、24 和 30 帧。然后重新调整这三帧中"水珠"图形的位置，不要和"水珠 1"图层的位置重叠。

（5）将"水珠 3"图层的第 15、22、28 三个关键帧分别移到 20、27 和 33 帧。然后重新调整这三帧中"水珠"图形的位置，不要和前两层的水珠位置重叠。

（6）将"水珠 4"图层的第 15、22、28 三个关键帧分别移到 23、30 和 36 帧。然后重新

调整这三帧中"水珠"图形的位置，不要和前三层的水珠位置重叠。如图 4-51 所示为第 23 帧的 4 个水珠效果。

图 4-51 四个水珠的位置

（7）单击"控制"→"测试影片"→"在 Flash Professional 中"命令，预览动画效果。最后单击"文件"→"保存"命令，以"水滴入水.fla"为文件名保存该动画文件。动画效果如图 4-52 所示。完成后的时间轴效果如图 4-53 所示。

图 4-52 水滴入水动画效果

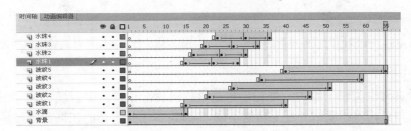

图 4-53 时间轴面板

三、知识进阶

在时间轴底部有绘图纸外观 ▣、绘图纸外观轮廓 ▢ 和编辑多个帧 ▣ 等几个常用按钮。这些按钮在绘图及动画处理时比较常用。

1. 绘图纸外观

Flash 动画设计中使用绘图纸外观 ▣ 可以同时显示和编辑多个帧的内容，可以在操作的同时，查看帧的运动轨迹，方便对动画进行调整。

通常情况下，Flash 在舞台中一次显示动画的一个帧。为了帮助定位和编辑逐帧动画，可以在舞台中一次查看两个或多个帧。利用绘图纸功能，就不用通过翻转来查看前后帧的内容，并能够平滑地制作出移动的对象。启用绘图纸功能后，播放头下面的帧用全彩显示，其余的帧是暗淡的，看起来就好像每个帧都是画在一张透明的绘图纸上，而这些绘图纸相互层叠在一起。

单击该按钮，将在时间轴标题上出现一个范围，并在舞台上出现该范围内元件的半透明移动轨迹。如果想增加、减少或更改绘图纸标记所包含的帧的数量，可以选中并拖动绘图纸标记两侧的起始点手柄和终止点手柄。

当应用绘图纸功能时，位于绘图纸标记内的帧的内容将由深入浅显示出来，当前帧的内容将正常显示，颜色最深。使用效果如图 4-54 所示。

在这些轨迹中，除当前播放头所在关键帧内的元素是可以移动和编辑的以外，其他轨迹图像都不可编辑。

2. 绘图纸外观轮廓

绘图纸外观轮廓 ▢ 类似于绘图纸外观，单击该按钮后，可以显示多个帧的轮廓，而不是直接显示透明的移动轨迹。当元素形状较为复杂或帧与帧之间的位移不明显的时候，使用这个按钮能更加清晰地显示元件的运动轨迹。每个图层的轮廓颜色决定了绘图纸轮廓的颜色。

除当前播放头所在关键帧内实体显示的元素可以编辑外，其他轮廓都不可编辑。如图 4-55 所示为使用绘图纸外观轮廓后的效果。

图 4-54　使用绘图纸外观后的效果　　　　图 4-55　使用绘图纸外观轮廓后的效果

3. 编辑多个帧

编辑多个帧 ▣ 也类似于绘图纸外观，单击该按钮后，在舞台上会显示包含在绘图纸标记内的关键帧。与使用"绘图纸外观"功能不同，"编辑多个帧"功能在舞台上显示的多个关键帧都可以选择和编辑，而不论哪一个是当前帧。

提 示

  当 "绘图纸外观" 打开时，锁定图层不会显示。为了避免弄乱多数图像，可以锁定或隐藏不想使用绘图纸外观的图层。如图 4-56 所示为使用编辑多个帧按钮后的效果。

图 4-56   使用编辑多个帧按钮后的效果

项目总结

  本项目主要通过一系列任务，讲述了 Flash 动画中元件的概念，元件与实例的关系，讲述了动画制作中 "库" 面板的作用与用法，同时也讲述了动画制作中时间轴的作用，帧的分类与作用，图层的作用与基本操作方法等。

  通过本项目的学习，需要明确以下几点。

  （1）元件即符号，它在需要重复使用某一对象时，显得特别方便。主要包括图形、影片剪辑和按钮 3 种元件，它们可以互相转换。元件的编辑在独立的元件编辑模式中进行。在 Flash 舞台中使用元件，即成为实例，对实例的编辑不影响元件本身。

  （2）在动画中使用图层，使编辑动画方便了许多，也使动画的复杂程度提高了很多。图层的创建和编辑相对比较简单，后期还要学习引导图层和遮罩图层，这两种特殊图层在动画制作中有特殊作用。图层使用得当，可以使动画编辑层次分明。

  （3）关键帧是 Flash 动画的重要概念，要彻底理解和掌握，对帧和关键帧的一些常用操作，要非常熟练。

习   题

1. 选择题

（1）下列有关 Flash 中 "元件" 和 "实例" 对应关系的描述正确的是（   ）。

    A．一个实例可以对应多个元件   B．一个元件可以对应多个实例

    C．元件、实例之间只能一一对应   D．元件和实例之间没有对应关系

（2）在新建一个元件时，下列选项不属于可以选择的元件类型是（   ）。

    A．组件   B．图形   C．按钮   D．影片剪辑

（3）在库中有一个元件，其高度为 100 像素，要在舞台上创建该元件的一个实例。如果此时首先在舞台上把这个实例的高度变为 50 像素，然后再把元件的高度变为 200 像素，那么

这时该实例的高度为（　　　）。

　　　　A．25 像素　　　　B．50 像素　　　　C．100 像素　　　　D．200 像素

（4）关于 Flash 中的"元件"，下列描述正确的有（　　　）。（多选）

　　　　A．编辑元件时，Flash 会更新文档中该元件的所有实例

　　　　B．编辑元件时，可以使用绘画工具、导入外部文件或创建其他元件的实例

　　　　C．图形元件和影片剪辑元件的区别是前者内容只能是静态内容，后者内容可以是动态内容

　　　　D．影片剪辑元件和按钮元件的区别是前者不能通过 Actionscript 产生交互性，而后者可以具有交互性

（5）按钮元件的时间轴上的每一帧都有一个特定的功能，下列描述正确的有（　　　）。（多选）

　　　　C．第一帧是按下状态，代表单击按钮时，该按钮的外观

　　　　B．第二帧是指针经过状态，代表当指针滑过按钮时，该按钮的外观

　　　　A．第三帧是弹起状态，代表指针没有经过按钮时该按钮的状态

　　　　D．第四帧是点击状态，定义响应鼠标单击的区域，此区域在 SWF 文件中是不可见的

2. 填空题

（1）一个元件可以有_____个与它相联系的实例，但一个实例只能对应于_____个确定的元件。

（2）按钮元件有 4 种状态，分别是鼠标弹起的状态、_____、鼠标被按下的状态和_____。

（3）Flash 动画中，元件由_____、_____和影片剪辑元件 3 类组成。

（4）创建元件的方法有_____和把现有元素转换成元件两种方法。

3. 简答题

（1）元件的类型有哪几种？它们各自有什么特点？

（2）修改实例的属性是否会影响元件本身？

（3）图层的作用是什么？如何创建一个新的图层？

（4）图层的显示与隐藏、图层的轮廓显示方式在 Flash 动画编辑中起什么作用？

（5）如何选择层、删除层、复制图层、锁定图层、命名图层、改变图层顺序和创建图层文件夹？

实训　掌握元件、图层、关键帧等动画制作基础

一、实训目的

（1）通过实训，掌握元件的创建与编辑，"库"面板的使用。

（2）掌握图层的基本操作方法，包括图层的创建、复制、移动、删除、重命名等。

（3）通过实训，了解关键帧与帧之间的区别，掌握帧的基本操作方法，包括插入关键帧、插入帧、清除关键帧、删除帧、复制帧、翻转帧等。

二、实训内容

（1）创建一个按钮，要求按钮的 3 个状态："弹起"、"指针经过"、"按下"分别有不同的

图形效果，并通过设置不同的有效区来测试按钮的有效范围。

（2）根据提供的素材文件 **X4-02.fla** 完成相关操作。

具体操作要求如下。

1）设置图层。

在 **X4-02.fla** 文档中新建图层，图层的名称分别为背景、房子、路牌和小姑娘。

编排图层。参照如图 4-57 所示对新建的图层进行排列。

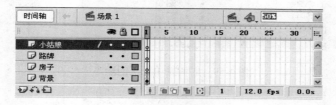

图 4-57　时间轴中图层的顺序

2）创建元件。

创建 3 个影片剪辑元件分别命名为"房子下落"、"路牌动画"和"小姑娘回家"。

将图形元件"房子"移到影片剪辑"房子下落"元件的舞台上，在第 20 帧处插入关键帧，在第 30 帧处插入帧，并在第 20 帧处使对象向下移动。

将图形元件"路牌"移到影片剪辑"路牌动画"元件的舞台上，在第 20 帧处插入关键帧，在第 30 帧处插入帧，并在第 20 帧处使对象向右移动。

将图形元件"小姑娘"移到影片剪辑"小姑娘回家"元件的舞台上，在第 20 帧处插入关键帧，在第 30 帧处插入帧，并在第 20 帧处使对象向左移动。

3）创建动画。

回到场景，在"背景"图层中添加背景 **Y4-02A.jpg** 图片。

在"房子"图层中添加"房子下落"影片剪辑元件，并定位在舞台（579，−165）处。

在"路牌"图层中添加"路牌动画"影片剪辑元件，并定位在舞台（−140，550）处。

在"小姑娘"图层中添加"小姑娘回家"影片剪辑元件，并定位在舞台的（1058，446）处。

保存操作结果，并以 **X4-02.swf** 为名称导出影片到新建的 FL4-02 文件夹中。最终效果如图 4-58 所示。

图 4-58　动画最终效果

（3）根据提供的素材文件 **X4-03.fla** 完成相关操作。具体操作要求如下。

1）设置图层。

在 X4-03.fla 文档中新建图层，图层的名称分别为背景、气球、诱饵和小鱼。

编排图层。参照如图 4-59 所示对新建的图层进行排列。

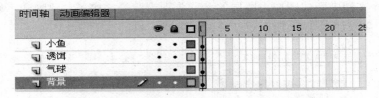

图 4-59　时间轴中图层的顺序

2）创建元件。

创建 3 个影片剪辑元件分别命名为"飘动气球"、"诱饵进入水中"和"游动的小鱼"。

将图形元件"气球"移到影片剪辑"飘动气球"元件的舞台上，在第 20 帧处插入关键帧，在第 50 帧处插入帧，并在第 20 帧处产生缩小气球的动画。

将图形元件"诱饵"移到影片剪辑"诱饵进入水中"元件的舞台上，在第 20 帧处插入关键帧，并在第 1 帧处缩小对象，使诱饵产生从鱼竿上向下进入水中的效果。

在第 20 帧处插入关键帧，将图形元件"小鱼"移到影片剪辑"游动的小鱼"元件的舞台上，在第 40 帧处插入关键帧，在第 50 帧处插入帧，并在第 40 帧处使对象产生从左到右的动画效果。（提示：第 1 帧到第 20 帧之间为空白帧）

3）创建动画。

回到场景，在"背景"图层中添加背景 Y4-03A.jpg 图片。

在"气球"图层中添加"飘动气球"影片剪辑元件，并定位在舞台的（126，70）处。

在"诱饵"图层中添加"诱饵进入水中" 影片剪辑元件，并定位在舞台的（227，44）处。

在"小鱼"图层中添加"游动的小鱼"影片剪辑元件，并定位在舞台的（–198，373）处。

保存操作结果，并以 X4-03.swf 为名称导出影片到新建的 FL4-03 文件夹中。最终效果如图 4-60 所示。

图 4-60　动画最终效果

项目 5　简单动画制作

项目描述

本项目主要介绍一些基本动画制作方式，包括逐帧动画、补间形状动画、传统补间动画、补间动画等制作方法。

项目目标

通过本项目的学习，读者可以了解基本的动画制作方法，掌握逐帧动画、补间形状动画、传统补间动画、补间动画等的制作方法，并能利用这些基本动画制作方法制作一些简单动画。

任务 1　制作"小鸟飞行"的动画

一、任务说明

制作一个小鸟空中飞行的动画效果，了解逐帧动画的原理。

二、任务实施

1. 准备阶段

预先收集有关蓝天的背景图，以及小鸟飞行的序列图。本例中共收集了 8 幅小鸟飞行的图片，将小鸟飞行的序列图文件名依次命名为"b_1.jpg"、"b_2.jpg"、……、"b_8.jpg"。

2. 动画实现阶段

（1）启动 Flash CS6，新建一个空白文档。

（2）单击"文件"→"导入"→"导入到舞台"命令，导入一幅预先准备好的蓝天图片，并设置图片的宽和高分别为 550 和 400，X 和 Y 分别为 0，确保图片和舞台完全重叠。导入后的效果如图 5-1 所示。将该图层的名称改为"背景"。

（3）在时间轴中单击"新建图层"按钮，添加一个新图层，并将该图层重命名为"小鸟"。

（4）在"小鸟"图层，单击"文件"→"导入"→"导入到舞台"命令，选择文件"b_1.jpg"，此

图 5-1　导入背景图

时会出现如图 5-2 所示的对话框，单击"是"按钮。这时，小鸟图层共有 8 个关键帧。

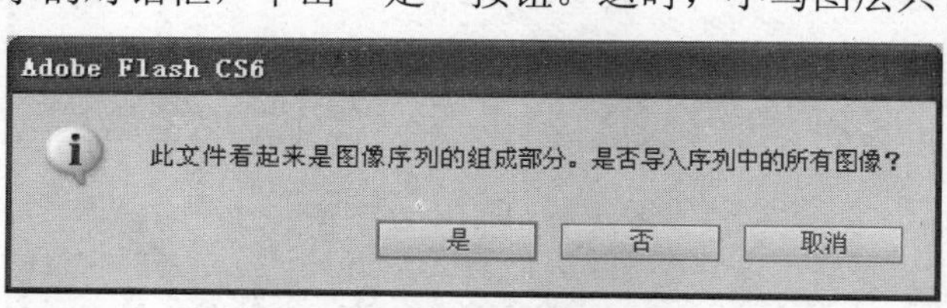

Adobe Flash CS6

此文件看起来是图像序列的组成部分。是否导入序列中的所有图像？

是　　否　　取消

图 5-2　导入序列文件对话框

（5）单击选择"背景"图层第 16 帧，单击鼠标右键，选择"插入帧"。

（6）依次选择"小鸟"图层每个关键帧，单击"修改"→"分离"命令，将图片进行分离处理。

（7）依次选择"小鸟"图层每个关键帧，选用"套索"工具的魔术棒属性，将小鸟的白色背景去除。白色去除前后的对比图如图 5-3 所示。

图 5-3　去除小鸟图片的白色背景

（8）选择"小鸟"图层第 1 帧的小鸟图形，将其位置设为 X：10，Y：100。

（9）从第 2 帧开始，依次将后续各帧小鸟的 X 轴位置设为 40、70、100、130、160、190、220。Y 轴位置均为 100。

（10）选择"小鸟"图层的前 8 帧，单击鼠标右键，选择"复制帧"命令，选择该图层第 9 帧，单击鼠标右键，选择"粘贴帧"命令。

（11）从第 9 帧开始，依次将后续各帧小鸟的 X 轴位置设为 250、280、310、340、370、400、430、460。Y 轴位置均为 100。

（12）单击"修改"→"文档"命令，在"文档设置"对话框中将帧频设为 12。这样，可以使动画的播放速度变慢些，使小鸟的飞行过程看起来更真实。

（13）单击"控制"→"测试影片"→"在 Flash Professional 中"命令，预览动画效果。最后单击"文件"→"保存"命令，以"小鸟飞行.fla"为文件名保存该动画文件。动画效果如图 5-4 所示。完成后的时间轴效果如图 5-5 所示。

图 5-4　动画效果

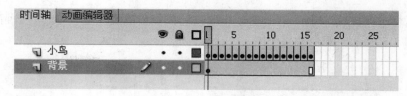

图 5-5 时间轴效果

三、知识进阶

逐帧动画是一种常见的动画形式（Frame By Frame），其原理是在"连续的关键帧"中分解动画动作，也就是在时间轴的每帧上逐帧绘制不同的内容，使其连续播放而成动画。

因为逐帧动画的帧序列内容不一样，不但给制作增加了负担而且最终输出的文件量也很大，但它的优势也很明显具有非常大的灵活性，几乎可以表现任何想表现的内容。而它类似于电影的播放模式，很适合于表演细腻的动画。例如，人物或动物急剧转身、头发及衣服的飘动、走路、说话及精致的 3D 效果等。

制作逐帧动画有以下几种方法。

（1）用导入的静态图片制作逐帧动画。这种方法是用 JPG、PNG 等格式的静态图片连续导入到 Flash 中，就会建立一段逐帧动画。上述小鸟飞行的动画效果就是用这个方法实现的。

（2）绘制逐帧动画。用鼠标或压感笔在场景中一帧帧地画出帧内容，然后通过连续播放，形成动画。

（3）文字逐帧动画。用文字作为逐帧动画的关键帧，实现文字跳跃、旋转、模拟书写等效果。

任务 2 制作"文字变化"的逐帧动画

一、任务说明

利用逐帧动画的制作方法，制作一个文字不断闪烁、变色的动画效果。通过制作，更好地理解逐帧动画的形成原理。

二、任务实施

（1）新建一个 Flash 文档，在"属性"面板里设置舞台工作区的宽度为 500 像素，高度为 100 像素，背景色为黑色，帧频为 6 帧/s。

（2）使用"文本工具"输入"新年快乐"4 个字，字体为黑体，大小为 80 点，颜色为黄色，如图 5-6 所示。

图 5-6 输入"新年快乐"文本

（3）单击"修改"→"分离"命令，分离文本，如图 5-7 所示。

图 5-7 分离文本

（4）将鼠标放置在文本上，单击鼠标右键，选择"分散到图层"命令，删除图层 1。时间轴效果如图 5-8 所示，舞台效果不变。

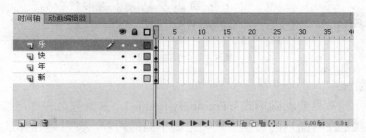

图 5-8　文本分离后的时间轴

（5）分别选择"新"、"年"、"快"、"乐" 4 个图层，连续按 F6 键，插入 5 个关键帧，时间轴如图 5-9 所示。

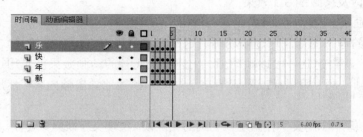

图 5-9　连续插入关键帧后的时间轴

（6）依次将"新"、"年"、"快"、"乐" 4 个图层的第 1 帧设置为"红色"，第 2 帧设置为"蓝色"，第 3 帧设置为"绿色"，第 4 帧设置为"白色"，第 5 帧保持默认（黄色）。

（7）依次将"年"、"快"、"乐" 3 个图层的帧分别向后移动 3 帧、6 帧、9 帧，时间轴如图 5-10 所示。

图 5-10　移动后的时间轴

（8）分别在"新"、"年"、"快"、"乐" 4 个图层的第 18、19、20、21、22 帧，按 F6 键插入关键帧，时间轴如图 5-11 所示。

（9）选中"新"层的第 19 帧，按住 Shift 键，单击"乐"层的第 19 帧，这样可以把"新"、"年"、"快"、"乐" 4 个图层的第 19 帧同时选中，单击鼠标右键，选择"清除帧"命令，用同样的方法，把"新"、"年"、"快"、"乐" 4 个图层的第 21 帧同时选中，并清除第 21 帧的内容。删除后时间轴如图 5-12 所示。其中，19 和 21 帧为空白关键帧。

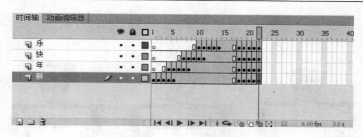

图 5-11　创建关键帧后的时间轴

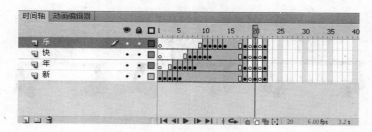

图 5-12　清除帧后的时间轴

（10）单击"控制"→"测试影片"→"在 Flash Professional 中"命令，预览动画效果。最后单击"文件"→"保存"命令，以"5-2.fla"为文件名保存该动画文件。动画效果如图 5-13 所示。

新年快乐

图 5-13　文本动画效果

任务 3　制作"蝴蝶吃花"的动画

一、任务说明

利用逐帧动画的制作方法，制作一个蝴蝶吃花的动画。具体效果是在一个花盆里，一朵小花慢慢长大，变成漂亮的花朵，花儿随风摇曳，一只蝴蝶飞来嬉戏，吃掉了花儿的几个花瓣。

二、任务实施

（1）新建一个 Flash 文档，在"属性"面板里设置舞台工作区的宽度为 300 像素，高度为 300 像素，背景色为白色，帧频为 4 帧/s。

（2）给"图层 1"取名为"背景"，在背景层的第 1 帧绘制如图 5-14 所示的花盆和底座。

（3）动画的长度希望为 15 帧，在背景层的第 15 帧处，按下 F5 键，插入帧。

图 5-14　花盆和底座

（4）添加一个新图层，重命名为"花朵"。在该层的第 1、2、3、4、5、6 帧处按下 F6

键，插入关键帧，并在每个关键帧内分别绘制花朵的各个形态，如图 5-15 所示。

图 5-15　花生长的形态图

（5）在"花朵"图层的第 10 帧处按下 F6 键，插入关键帧，这时候蝴蝶已经飞过来了，开始绘制蝴蝶吃花的形态。分别在第 10、11、12、13 帧插入关键帧，绘制花朵的形态如图 5-16 所示。

图 5-16　蝴蝶吃花后花的形态

（6）添加一个新图层，将其重命名为"蝴蝶"，在第 7、8、9、10、11、12、13 帧处单击 F6 键插入关键帧，开始绘制蝴蝶的形态。

（7）在"蝴蝶"图层的 7、8、9、10、11、12、13 帧内绘制蝴蝶的形态，如图 5-17 所示。

图 5-17　蝴蝶形态

（8）单击"控制"→"测试影片"→"在 Flash Professional 中"命令，预览动画效果。最后单击"文件"→"保存"命令，以"蝴蝶吃花.fla"为文件名保存该动画文件。完成后的时间轴效果如图 5-18 所示。

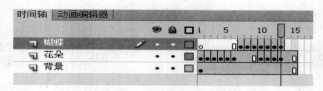

图 5-18　完成后的时间轴效果

任务 4　"公益广告"动画制作

一、任务说明

本任务利用形状补间动画改变图形形状、位置、颜色、透明度等方面，实现公益广告的动画制作。

二、任务实施

（1）新建一个 Flash 文档，文档属性为默认。将"图层 1"重命名为"大地"。

（2）使用"椭圆工具" 在"大地"图层的第 1 帧绘制一个绿色圆形，设置"填充颜色"为#33CC00，笔触颜色为无，放置在舞台下方边缘居中的位置，如图 5-19 所示。

（3）在第 20 帧处插入空白关键帧，继续使用"椭圆工具" 在舞台的底部绘制一个椭圆，填充颜色值为#90E300 至#3D8851 的线性渐变颜色，填充的图形效果如图 5-20 所示。

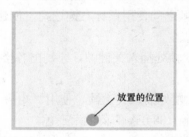

图 5-19　绿色圆形放置的位置　　　　　　图 5-20　绘制的大椭圆

（4）在第 1 帧和第 20 帧之间，使用鼠标右键选择"创建补间形状"命令建立形状补间动画，并在第 200 帧处，单击 F5 键插入普通帧。

（5）新建一个图层，命名为"楼一"，将其拖放到"大地"图层的下方。在第 20 帧处插入关键帧，使用"矩形工具"绘制一个粉红色矩形，颜色值为#FF9999，放置在"大地"绿色图形的后面，如图 5-21 所示。

（6）在"楼一"图层的第 45 帧处，插入空白关键帧，继续使用"矩形工具" 绘制一个粉红色矩形，设置笔触颜色为"无"，并按住 Ctrl 键，调整右上角的顶点，将其顶点向下，如图 5-22 所示。

（7）在"楼一"的第 20 帧和 45 帧之间，使用鼠标右键选择"创建补间形状"命令建立形状补间动画，并在第 200 帧处，单击 F5 键插入普通帧。

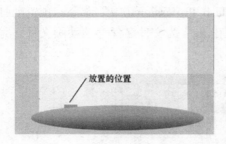

图 5-21 "楼一"的初始位置

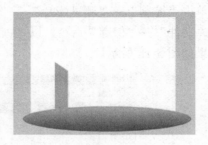

图 5-22 "楼一"修改后的形状

（8）继续创建两个图层，分别命名为"楼二"和"楼三"，放置在"大地"图层的下方，分别在第 20 帧处插入关键帧，使用步骤 5 的方式绘制两个图形，效果如图 5-23 所示。

（9）分别在"楼二"和"楼三"图层的第 45 帧处插入空白关键帧，在这两个图层上使用"矩形工具"绘制两个图形，如图 5-24 所示。

图 5-23 "楼二"和"楼三"初始形状

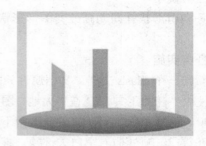

图 5-24 "楼二"和"楼三"的形状

（10）在"楼二"和"楼三"的第 20 帧和 45 帧之间使用鼠标右键选择"创建补间形状"命令建立形状补间动画，形成高楼建立的一个过程。

（11）新建一个图层，命名为"窗户"，在第 45 帧处插入关键帧，绘制出各楼层的窗户效果，如图 5-25 所示。

（12）新建一图层，命名为"天空"，在第 45 帧处插入关键帧，使用"矩形工具" 绘制一个与画布同等大小的矩形，填充由#D5FCF5 至#1884FA 的蓝色渐变色。

（13）在第 70 帧处单击鼠标右键，将该帧转为关键帧，单击第 45 帧处舞台中的背景图形，在"颜色"面板中设置色块中的颜色透明度均为 0%。

（14）在"天空"图层的第 45 帧和 70 帧之间建立形状补间动画，形成天空逐渐显示的效果。

（15）新建一图层，命名为"云彩"，放置在最顶层，在第 65 帧处插入关键帧，使用"钢笔工具" 绘制一个云彩图形，并填充由#FFFFFF 到#C5EDFF 的渐变色，放置在舞台的右上角外侧，如图 5-26 所示。

（16）在第 90 帧处插入关键帧，将云彩图形移至舞台的右上角，如图 5-27 所示，并在第 65 帧和 90 帧之间建立形状补间动画。

（17）新建一个图层，命名为"树木"，放置在最上层，在第 65 帧处插入关键帧，使用"Deco 工具" ，在"属性"面板中，选择"树刷子"，再选择"枫树"，在舞台的左下角绘制一棵树的形状，如图 5-28 所示。绘制后，将该树选中，按 Ctrl+B 键将其分离，在第 90 帧处插入

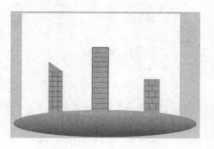

图 5-25　窗户效果

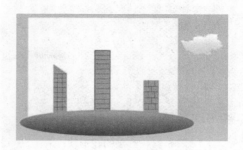

图 5-26　云彩效果

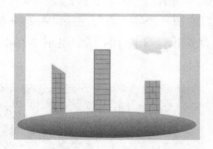

图 5-27　云彩移到舞台中的效果

图 5-28　绘制树木的形状

关键帧，然后把第 65 帧的树木适当缩小，缩小后的效果如图 5-29 所示。

（18）在"树木"层的第 65 帧到 90 帧之间，建立形状补间动画。

（19）把"树木"图层复制两次，分别调整这两层中 65 帧和 90 帧中树木的位置，3 层树木的效果如图 5-30 所示。

图 5-29　将树木缩小后的效果

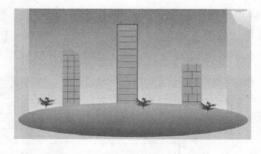

图 5-30　3 个树木图层的效果

（20）新建一个图层，命名为"花"。在第 65 帧处插入关键帧，使用"Deco 工具" ✏️，在"属性"面板中，选择"花刷子"，再选择"玫瑰花"，在舞台中绘制一个花的形状，如图 5-31 所示。绘制后，将该花选中，按 Ctrl+B 键将其分离，在第 90 帧处插入关键帧，然后把第 65 帧的花适当缩小，缩小后的效果如图 5-32 所示。

（21）在"花"图层的第 65 帧和 90 帧之间，建立形状补间动画。

（22）把"花"图层复制一层，分别调整这一层中 65 帧和 90 帧中花的位置，效果如图 5-33 所示。

图 5-31　绘制的花形状

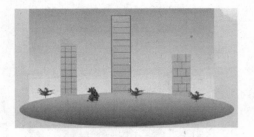
图 5-32　缩小后的花形状

（23）新建一个图层，命名为"口号"，在第 90 帧处，使用逐帧动画的方式，显示出"齐心协力，共建家园"的文字效果（具体步骤是：第 90 帧，使用"文字工具"输入"齐"，在第 92 处插入关键帧，并使用"文字工具"在齐字后增加一个字"心"，在第 94 处插入关键帧，使用"文字工具"在心字后增加一个字"协"。依次类推，直到 104 帧中显示"齐心协力，共建家园"所有的字），效果如图 5-34 所示。

图 5-33　两层花的效果

图 5-34　舞台中添加文字效果

（24）单击"控制"→"测试影片"→"在 Flash Professional 中"命令，预览动画效果。如有必要，调整各图层的上下位置关系。最后单击"文件"→"保存"命令，以"公益广告.fla"为文件名保存该动画文件。完成后的部分时间轴效果如图 5-35 所示。

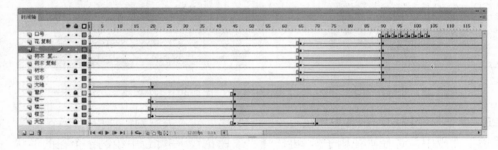
图 5-35　时间轴效果

三、知识进阶

形状补间动画是 Flash 中非常重要的表现手法之一，运用它可以变化出各种奇妙的变形效果。形状补间使用图形对象，在两个关键帧之间可以制作出变形效果，让一种形状随时间变化成另一种形状，也可以对形状的位置、大小和颜色等进行改变。

在上述案例中，大地的变化融合了形状、颜色的变化，而楼、树、花的变化体现了大小的变化，云彩的变化体现了位置的改变，天空的变化体现了颜色透明度的变化。

形状补间动画的制作方法是：在一个关键帧中绘制一个形状，然后在另一个关键帧中改变该形状或绘制另一个形状，再使用鼠标右键单击时间轴中起始帧和结束帧之间的任意一帧，在弹出的菜单中选择"创建补间形状"命令，Flash 会根据前后两个关键帧的内容，自动产生中间变化效果，从而实现形状补间动画。

形状补间动画使用的元素多为用鼠标绘制出的形状，如果使用图形元件、按钮、文字，则必须先执行"修改"→"分离"命令，分离成普通图形，才能创建变形动画。一旦形状补间创建成功，在时间轴中"时间轴"面板的背景色会变为淡绿色，在起始帧和结束帧之间有一个长长的箭头。

任务 5　"庆祝国庆"动画制作

一、任务说明

本任务利用形状补间动画，制作文字与图形之间的转变。通过本任务，了解利用文字制作变形动画的基本方法。

二、任务实施

（1）新建一个 Flash 文档，文档属性中帧频设为 12，其余为默认。将"图层 1"重命名为"背景"。在背景层中导入一幅合适的图片，如图 5-36 所示。动画的长度希望为 80 帧，在背景层的第 80 帧处，单击 F5 键，插入帧。

（2）新建一个图层，重命名为"灯笼一"，选择该图层的第 1 帧，在舞台左上角绘制一个如图 5-37 所示的灯笼效果。其中灯笼的中间椭圆部分使用"白到红"的径向渐变填充，其余部分使用黄色绘制。然后，在第 20 帧，单击 F6 键，插入关键帧。

图 5-36　导入的背景图片效果　　　　　　　　图 5-37　绘制的灯笼

（3）在"灯笼一"图层的第 40 帧，插入空白关键帧，在该帧内对应刚才灯笼的位置，输入文字"庆"。字的大小与灯笼大小差不多，颜色选择为红色。选择"庆"字，执行"修改"→"分离"命令，将文字分离成图形。

（4）在"灯笼一"图层的第 60 帧插入关键帧，第 80 帧插入空白关键帧，然后将第 20 帧内的灯笼复制到第 80 帧相同位置。

（5）分别在第 20 帧到 40 帧内，60 帧到 80 帧内创建形状补间动画。

（6）另外新建 3 个图层，分别重命名为"灯笼二"、"灯笼三"、"灯笼四"，分别选择每个图层的第 1 帧，将前面绘制的灯笼图形复制到这 3 个图层的第 1 帧，放置在合适的位置。4
个灯笼的效果如图 5-38 所示。然后，在每个图层的第 20 帧，单击 F6 键，插入关键帧。

　　（7）分别在"灯笼二"、"灯笼三"、"灯笼四" 3 个图层的第 40 帧插入空白关键帧，在对
应位置分别写上"祝"，"国"，"庆"，最终 4 个字的效果如图 5-39 所示。然后将文字使用"修
改"→"分离"命令分离成图形。

图 5-38　4 个灯笼图形

图 5-39　4 个文字的效果

　　（8）在"灯笼二"、"灯笼三"、"灯笼四"图层的第 60 帧插入关键帧，第 80 帧插入空白
关键帧，然后各层将第 20 帧内的灯笼分别复制到第 80 帧对应位置。

　　（9）分别在"灯笼二"、"灯笼三"、"灯笼四"图层的第 20 帧到 40 帧内，第 60 帧到 80
帧内创建形状补间动画。完成后的时间轴效果如图 5-40 所示。动画效果如图 5-41 所示。

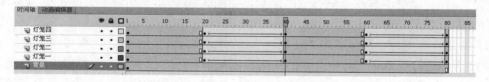
图 5-40　时间轴效果

图 5-41　动画变形效果

　　（10）单击"控制"→"测试影片"→"在 Flash Professional 中"命令，预览动画效果。
最后单击"文件"→"保存"命令，以"庆祝国庆.fla"为文件名保存该动画文件。

任务 6 "转动的金字塔"动画制作

一、任务说明

本任务通过制作一个转动的金字塔，进一步学习形状补间动画的制作，主要是了解形状提示点的作用与使用方法。

二、任务实施

（1）新建一个 Flash 文档，文档属性为默认。

（2）在舞台的中央绘制一个三角形，填充为暗黄色，然后在它的右侧再绘制一个小三角形，填充为红色。删除所有的边线。金字塔效果如图 5-42 所示。

（3）在第 30 帧单击 F6 键，插入关键帧。单击"修改"→"变形"→"水平翻转"命令，将第 30 帧内的金字塔水平翻转，翻转后的效果如图 5-43 所示。

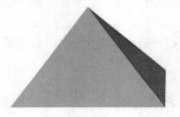 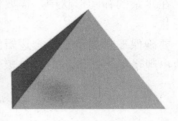

图 5-42　金字塔效果图　　　　　　　图 5-43　水平翻转后的金字塔

（4）在第 1 帧到第 30 帧内创建形状补间动画。

（5）单击"控制"→"测试影片"→"在 Flash Professional 中"命令，预览动画效果。发现金字塔并没有转动起来，形状变化的效果比较乱。接下来通过为形状补间动画添加形状提示点对动画进行控制。

（6）选中时间轴面板中的第 1 帧，执行"修改"→"形状"→"添加形状提示"命令，执行此操作 6 次，共添加 6 个形状提示点。需要注意的是连续添加 6 个形状提示点后，这 6 个提示点是叠加在一起的，并且后添加的提示点叠加在上面，将提示点按如图 5-44 所示摆放好。

（7）再在时间轴面板选择第 30 帧，将各形状提示点如图 5-45 所示摆放好。

（8）添加完提示点后，再来测试动画效果。如果没有操作问题，此时，应该能看到金字塔转动起来了。中间转动过程如图 5-46 所示。

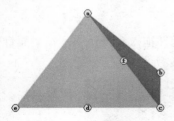 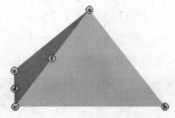 

图 5-44　添加形状提示　　　图 5-45　第 30 帧中形状提示　　　图 5-46　金字塔转动过程

　　　　点后的金字塔　　　　　　　　点的位置

（9）单击"控制"→"测试影片"→"在 Flash Professional 中"命令，预览动画效果。最后单击"文件"→"保存"命令，以"转动的金字塔.fla"为文件名保存该动画文件。

 提 示

　如果没有完整的金字塔转动的效果，而是像没有添加提示点前那样杂乱无章地转动，说明在制作过程中出了些小问题，只要细心调整就可以做好。

三、知识进阶

　　形状提示点用于识别起始形状和中间形状中相对应的点。形状提示点用英文字母标识，一个形状补间最多可以有 26 个形状提示。起始关键帧上的形状提示点颜色是黄色的，结束关键帧的形状提示点颜色是绿色的，当形状提示点不在同一条曲线上时为红色。

　　要使补间形状获得最佳效果，一般应遵循以下准则。

　　（1）在复杂的补间形状中，需要创建中间形状然后进行补间，而不能只定义起始帧和结束帧的形状。

　　（2）要确保形状提示是符合逻辑的，即在起始形状和结束形状中的顺序必须是一致的。如果摆放出现错误，就做不出自己想要达到的效果。

任务 7 "网站 Banner"动画制作

一、任务说明

　　本任务主要是利用传统补间动画，并结合"补间"属性面板的应用来创建"网站 Banner"动画。

二、任务实施

　　（1）打开教材配套光盘"素材与实例/项目 5/动画素材/Banner 动画素材.fla"，用鼠标右键单击舞台，在弹出菜单中选择"文档属性"命令，设置舞台大小为 1000×200 像素。

　　（2）将图层 1 重命名为"背景"，使用矩形工具绘制一个与舞台大小相同的无边框的图形，填充为白色到蓝色的渐变颜色。如图 5-47 所示。

图 5-47　绘制的背景效果

　　（3）新建一个图层，命名为"土地"，将库中的"草地"元件拖入到舞台中，在"属性"面板中设置宽为 1000 像素，将其放置在舞台的下方。如图 5-48 所示。

图 5-48　将草地放入到舞台中

（4）新建一个图层，命名为"山坡"，将库中"山坡"素材图片拖入到舞台中，在"属性"面板中设置宽为 600 像素，将其放置在舞台的右下角。如图 5-49 所示。

图 5-49　放入"山坡"素材后效果

（5）新建一图层，将其命名为"树"，放置在草地图层之上，将库中的"树"、"果树"、"花"及其他图像素材多次移入到舞台上，并对其大小、透明度进行调整，如图 5-50 所示。

图 5-50　放入"树木"及其他素材后效果

（6）新建一图层，将其命名为"花"，放置在"山坡"图层之上，将库中的"树"、"果树"、"花"及其他图像素材多次移入到舞台上，参照上一步进行调整，如图 5-51 所示。

图 5-51　山坡上放置"花草"后效果

（7）新建一图层，将其命名为"小鸟"，放置在"草地"与"山坡"图层之间，将"库"面板中的"小鸟"图形元件拖入到舞台左侧，如图 5-52 所示。

图 5-52　放入"小鸟"素材后效果

（8）在所有图层的第 300 帧处单击 F5 键插入普通帧。将小鸟图层的第 10 帧转换为关键帧，将场景中的"小鸟"移至舞台左侧，在第 1 帧和第 10 帧之间使用鼠标右键建立传统补间，并将第 11 帧转换为空白关键帧，如图 5-53 所示。

图 5-53　补间动画最后一帧图像

（9）新建一个影片剪辑，将其命名为"翅膀"。在图层的第 1 帧中将"翅膀"元件置于舞台中心，并使用"任意变形工具"将其中心移至左侧边缘中心处，在第 3 帧处插入关键帧，使用"任意变形工具"，将翅膀围绕中心向上旋转，在第 1 帧与第 3 帧之间建立传统补间。将第 1 帧复制到第 5 帧，第 3 帧复制到第 7 帧，再将第 5 帧复制到第 9 帧。然后依次在第 3 帧到第 5 帧，第 5 帧到第 7 帧，第 7 帧到第 9 帧之间建立传统补间。形成翅膀抖动效果，第 1 帧和第 3 帧的翅膀效果如图 5-54 所示。

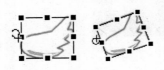

图 5-54　翅膀运动图形

（10）回到场景中，新建一图层，将其命名为"翅膀"，在第 11 帧处插入关键帧。将"小鸟 2"图形元件放入舞台中，与"小鸟"图层中第 10 帧"小鸟"位置一致；并将"翅膀"影片剪辑放置在"小鸟 2"图像的下面。接下来，在第 15 帧处插入关键帧，第 16 帧插入空白关键帧，在这期间形成小鸟抖动翅膀的效果。

（11）在"小鸟"图层的第 16 帧插入关键帧，单击第 10 帧中"小鸟"图像，按 Ctrl+C 组合键进行复制，用鼠标右键单击第 16 帧的场景空白处，在弹出菜单中选择"粘贴到当前位置"命令，在第 30 帧处插入关键帧，将"小鸟"图像移至右侧，并在第 16 帧与 30 帧之间建立传统补间动画，如图 5-55 所示。

图 5-55　第 30 帧处小鸟图像移右侧

（12）将第 45 帧转换为关键帧，将"小鸟"图像移至第 15 帧中的位置，可继续使用"粘贴到当前位置"命令，在第 30 帧与 45 帧之间建立传统补间动画。

（13）新建一图层，将其命名为"UC"，在第 30 帧处插入关键帧，将"库"中的"UC 文字"图形元件拖入到舞台小鸟的右侧。在第 45 帧处将帧转换成关键帧，将"UC 文字"素材元件拖动到第 40 帧小鸟的右侧，在第 30 帧与 45 帧之间建立传统补间动画，如图 5-56 所示。

图 5-56　补间动画的中间效果

（14）在"小鸟"图层的第 50 帧处插入关键帧，将"小鸟"图像变大，并在第 45 帧与 50 帧之间建立传统补间动画，如图 5-57 所示。

图 5-57　"小鸟"图像变大后效果

（15）执行"插入"→"新建元件"命令，创建一个影片剪辑，名称为"标题"。在"图层 1"的第 1 帧中将"标题"元件拖入其中，在"属性"面板中，设置宽为 300 像素，高为 70 像素，在第 5 帧处插入关键帧，设置图像大小为 200×47 像素，并在后面的帧中设置逐帧动画实现标题文字的大小变化效果。"标题"元件的时间轴效果如图 5-58 所示。

图 5-58　"标题"元件的时间轴效果

（16）回到场景中，新建一图层，将其命名为"标题"，放置在所有图层的上面，在第 55 帧处插入关键帧，将"标题"影片剪辑放入舞台中，并在"属性"面板中对其使用黑色"投影"滤镜，效果如图 5-59 所示，"投影"滤镜的参数设置如图 5-60 所示。

图 5-59　添加标题后效果

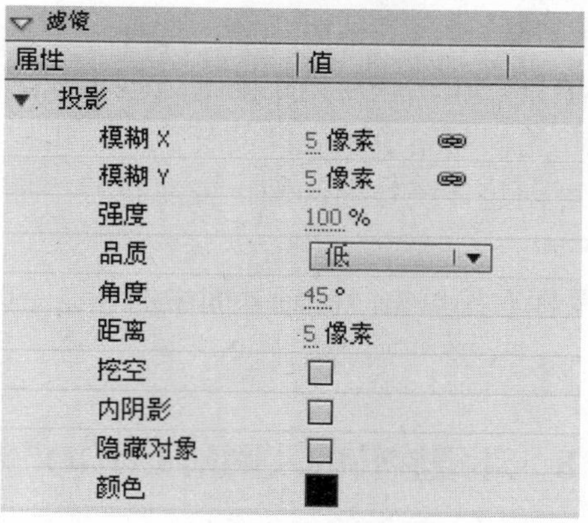

属性	值
投影	
模糊 X	5 像素
模糊 Y	5 像素
强度	100 %
品质	低
角度	45°
距离	5 像素
挖空	□
内阴影	□
隐藏对象	□
颜色	■

图 5-60　"投影"滤镜参数设置

（17）为使"标题"影片剪辑只播放一次，可在影片剪辑的最后一帧，"动作"面板中加入"stop();"语句，最后可对影片加入装饰效果，最终效果如图 5-61 所示。完成后的时间轴效果如图 5-62 所示。

图 5-61　动画最终效果

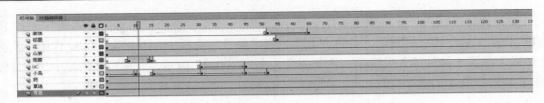

图 5-62　时间轴效果

（18）单击"控制"→"测试影片"→"在 Flash Professional 中"命令，预览动画效果。最后单击"文件"→"另存为"命令，以"网站 Banner.fla"为文件名保存该动画文件。

三、知识进阶

传统补间动画（运动补间动画）可以用于实现元素从一个位置移动到另一位置的动画制作，以及元素的颜色、透明度的变化等。传统补间动画也是 Flash 中非常重要的表现手段之一，与"形状补间"不同的是，传统补间动画的对象必须是"元件"或"成组对象"。

在一个关键帧上放置一个元件，然后在另一个关键帧上改变这个元件的大小、颜色、位置、透明度等，Flash 根据二者之间帧的值创建的动画被称为传统补间动画，也可称为动作补间动画、运动补间动画、运动渐变动画等。

构成传统补间动画的元素可以是元件，包括影片剪辑、图形和按钮元件，也可以是文字、位图、组合等，但不能是形状，只有把形状"组合"或者转换成"元件"后才可以制作传统补间动画。传统补间动画的创建方法如下。

在"时间轴"面板上动画开始播放的地方创建或选择一个关键帧，并设置一个元件或组合对象，一帧中只能放一个项目，在动画要结束的地方创建或选择一个关键帧，并设置该元件的大小、位置及属性，在起始帧与结束帧之间的任意一帧用鼠标单击，在弹出的菜单中选择"创建传统补间"命令即可创建传统补间动画；或者执行"插入"→"传统补间"命令，也可创建传统补间动画。

若要取消补间，可使用鼠标右键单击时间轴补间中的任意一帧，在弹出的菜单中选择"删除补间"命令。

任务 8　环绕旋转的"网站 LOGO"制作

一、任务说明

本任务主要是利用传统补间，结合图形元件、影片剪辑元件制作一个网站 LOGO。该动画的效果是一层文字设置为彩色，顺时针旋转，另一层文字设置为浅灰色，作为上一层文字的阴影，也顺时针旋转。这个动画可以作为网站 LOGO，放在网站左上角。

二、任务实施

（1）新建一个 Flash 文档，单击"修改"→"文档"命令，将帧频设为 12，其余属性为默认。

（2）单击"插入"→"新建元件"命令，创建一个图形元件"元件 1"，进入元件编辑界面。在时间轴图层 1 的第一帧绘制一个空心圆周。如图 5-63 所示。

（3）新建一个图层 2，在图层 2 的第一帧，使用"文本工具"，沿着圆周输入一圈文字，文字颜色为浅灰色，如图 5-64 所示。

图 5-63　绘制空心圆周

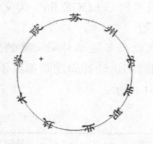

图 5-64　沿圆周输入文字

（4）将图层 2 的所有文字选中，执行"修改"→"分离"命令，将文字分离成图形。再把图层 1 删除。

（5）在库面板中，选择"元件 1"，单击鼠标右键，在快捷菜单中选择"直接复制"命令，并命名为"元件 2"。

（6）在库面板中，选择"元件 2"，单击鼠标右键，在快捷菜单中选择"编辑"命令，将元件 2 的文字颜色设置为渐变色，如图 5-65 所示。

（7）单击"插入"→"新建元件"命令，创建一个影片剪辑元件"元件 3"，进入元件编辑界面。从库中拖出元件 1 的实例，放在第 1 帧，在第 50 帧单击 F6 键插入关键帧，在第 1 帧至 50 帧之间，任选一帧，单击鼠标右键，在快捷菜单中选择"创建传统补间"命令，并在属性面板中，设置旋转方式为"顺时针"。

图 5-65　文字设置为渐变色

（8）单击"插入"→"新建元件"命令，创建一个影片剪辑元件"元件 4"，进入元件编辑界面。从库中拖出元件 2 的实例，放在第 1 帧，在第 50 帧单击 F6 键插入关键帧，在第 1 帧至 50 帧之间，任选一帧，单击鼠标右键，在快捷菜单中选择"创建传统补间"命令，并在属性面板中，设置旋转方式为"顺时针"。

（9）回到场景，从库中分别拖出元件 3 和元件 4，放置在图层 1，选用"任意变形工具"，将元件 3 和元件 4 分别变形，效果如图 5-66 所示。

图 5-66　变形元件

（10）单击"控制"→"测试影片"→"在 Flash Professional 中"命令，预览动画效果。可以看到有两圈文字沿顺时针旋转，如果位置不太理想，可以再次调整。最后单击"文件"→

"保存"命令,以"网站 LOGO.fla"为文件名保存该动画文件。

三、知识进阶

1. 形状补间动画与运动补间动画的区别

形状补间动画和运动补间动画都属于补间动画。前后都有一个起始帧和结束帧,二者之间的区别如表 5-1 所示。

表 5-1　　　　　　　　　　　　**形状补间动画和运动补间动画的区别**

区别之处	运动补间动画	形状补间动画
在时间轴上的表现	淡紫色背景加长箭头	淡绿色背景加长箭头
组成元素	影片剪辑、图形元件、按钮、文字、位图等	形状。如果使用图形元件、按钮、文字,必须先分离再变形
完成的作用	实现一个元件的大小、位置、颜色、透明度等的变化	实现两个形状之间的变化,或一个形状的大小、位置、颜色等的变化

2. 补间动画与传统补间的区别

Flash CS6 支持两种不同类型的补间以创建运动渐变动画。补间动画从 Flash CS4 中引入,功能强大且易于创建。通过补间动画可以对补间的动画进行最大程度的控制。传统补间的创建过程更为复杂。补间动画提供了更多的补间控制,而传统补间提供了一些用户可能希望使用的某些特定功能。

补间动画和传统补间之间的差异包括以下几个方面。

(1)传统补间使用关键帧。关键帧是其中显示对象的新实例的帧。补间动画只能具有一个与之关联的对象实例,并使用属性关键帧而不是关键帧。

(2)补间动画在整个补间上由一个目标对象组成。

(3)补间动画和传统补间都只允许对特定类型的对象进行补间。若应用补间动画,则在创建补间时会将所不允许的对象类型转换为影片剪辑元件。而应用传统补间会将这些对象类型转换为图形元件。

(4)补间动画会将文本视为可补间的类型,而不会将文本对象转换为影片剪辑。传统补间会将文本对象转换为图形元件。

(5)在补间动画范围上不允许帧脚本,传统补间允许帧脚本。

(6)补间目标上的任何对象脚本都无法在补间动画范围的过程中更改。

(7)可以在时间轴中对补间动画范围进行拉伸和调整大小,并将其视为单个对象。传统补间包括时间轴中可分别选择的帧的组。

(8)若要在补间动画范围中选择单个帧,必须按住 Ctrl 键单击帧。

(9)对于传统补间,缓动可运用于补间内关键帧之间的帧组。对于补间动画,缓动可应用于补间动画范围的整个长度。若要仅对补间动画的特定帧应用缓动,则需要创建自定义缓动曲线。

(10)利用传统补间,可以在两种不同的色彩效果(如色调和 Alpha 透明度)之间创建动画,补间动画可以对每个补间应用一种色彩效果。

(11)只可以使用补间动画来为 3D 对象创建动画效果。无法使用传统补间为 3D 对象创建动画效果。

（12）只有补间动画才能保存为动画预设。

（13）对于补间动画，无法交换元件或设置属性关键帧中显示的图形元件的帧数。应用了这些技术的动画要求使用传统补间。

3．补间动画的创建

补间动画创建方式和传统补间相类似。主要有两种方式，首先在舞台上拖入或创建一个元件，不需要在时间轴的其他地方再插入关键帧，直接使用鼠标右键单击元件所在帧，在弹出的菜单中选择"创建补间动画"命令即可完成动画的创建，这时的补间默认为 25 帧，可手动拖动最后一帧的右侧边缘增加帧的数量。

另外一种方式是在起始帧中放入一个元件，在结束的帧处插入普通帧而非关键帧，用鼠标右键单击其中的任意一帧，选择"创建补间动画"命令即可完成补间动画的创建。

当创建为补间动画后，图层的图标变为 ▣，可以将动画转化为逐帧动画保存为动画预设。

四、案例进阶：使用补间动画创建"篮球落地"的效果动画

（1）打开教材配套光盘"素材与实例/项目 5/动画素材/补间动画素材.fla"，将图层 1 重命名为"背景"，另外新建一个图层，并命名为"篮球"。

（2）使用 Ctrl+L 组合键打开"库"面板，将篮球图形元件拖入到篮球图层的第 1 帧上，放置在篮筐的下方，如图 5-67 所示。

（3）在"背景"和"篮球"图层的第 50 帧处分别插入关键帧，使用鼠标右键单击"篮球"图层的第 1 帧，在弹出的菜单中选择"创建补间动画"命令，此时可以看到时间轴中第 1 帧和第 50 帧之间的颜色变成了蓝色，篮球图层的图标变成了 ▣。这代表着该图层为补间动画图层，可以对篮球的运动路径进行设置。

（4）单击"篮球"图层的第 16 帧处，使用"选择工具"移动篮球的位置，放置在右下方的地面上，这时在第 1 帧和第 16 帧篮球位置之间形成了一条路径，上面有一些点，每个点代表着该帧中篮球在舞台中的位置，如图 5-68 所示。

图 5-67　第 1 帧篮球放置位置

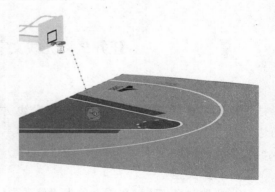

图 5-68　第 16 帧处篮球位置局部效果

（5）接下来依次按照篮球的落地规律，在相应的位置上调整篮球的位置，最终形成一条完整的路径，隐藏背景图层后效果如图 5-69 所示。

（6）这些路径都是直线段，不符合运动规律，应该为曲线段，即篮球做抛物线运动。接下来使用"选择工具"调整路径的弧度，将"移动工具"放置在路径上，拖动线条改变其弧度，效果如图 5-70 所示。

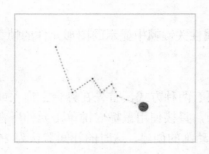

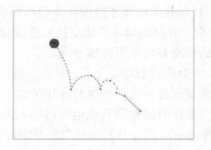

图 5-69　篮球的运动路径　　　　　　　图 5-70　调整后的运动路径

（7）在最后一帧中，使用"任意变形工具"，将篮球的大小调大，形成一个篮球由小到大的变化过程，给人以篮球由远及近的滚动感觉。

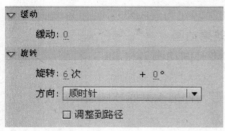

（8）为使篮球出现滚动的效果，单击补间中的任意一帧，调整其"属性"面板，设置"旋转次数"为 6 次，方向为顺时针，如图 5-71 所示。

（9）单击"控制"→"测试影片"→"在 Flash Professional 中"命令，预览动画效果。如果篮球运动轨迹不太理想，可以再次调整。最后单击"文件"→"另存为"命令，以"篮球落地.fla"为文件名保存该动画文件。动画时间轴最终效果如图 5-72 所示。

图 5-71　补间属性中的"旋转"选项设置

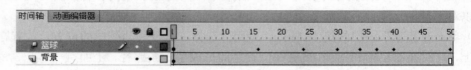

图 5-72　动画时间轴

任务 9　"光线文字效果"动画制作

一、任务说明

本任务主要是利用传统补间，制作光线文字效果。具体效果是：一束光线从左边逐渐向右边照射，光线所到之处文字逐渐清晰显示，光线移开时，文字逐渐消失。这种文字效果一般也适合放在网站上。

二、任务实施

（1）新建一个 Flash 文档，单击"修改"→"文档"命令，将帧频设为 12，背景颜色设置为黑色，其余属性为默认。

（2）在舞台中使用"文本工具"输入"光线文字效果" 6 个字，字体为宋体，颜色为黄色，大小为 60 点。

（3）执行"修改"→"分离"命令一次，将文本分离，然后，用"选择工具"分别选择每一个字，将其转换为图形元件，并给每个图形元件根据文字内容取相应的名称，如图 5-73 所示。完成后，库中有 6 个图形元件，如图 5-74 所示。

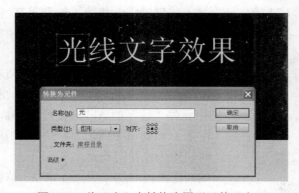

图 5-73　将"光"字转换为图形元件"光"

图 5-74　库面板中有 6 个图形元件

（4）单击执行"修改"→"时间轴"→"分散到图层"命令，此时，这 6 个文字被分散到不同的图层中，且每个图层都会以元件的名称命名。此时时间轴中的图层排列效果如图 5-75 所示。

（5）单击"插入"→"新建元件"命令，创建一个"光线"元件，绘制一个如图 5-76 所示的梯形光线，光线从左到右用线性渐变色填充，光线左边颜色为黄色（#FFFF00），Alpha 为 0%，光线右边颜色为黄色（#FFFF00），Alpha 为 100%。填充颜色后删除光线的边框。填充颜色后的光线效果如图 5-77 所示。

图 5-75　部分时间轴效果

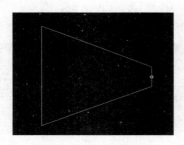

图 5-76　梯形光线形状

图 5-77　填充颜色后的光线

（6）回到场景，将图层 1 重命名为"光线"。从库中取出光线元件，放置在该层，位于文字左侧，效果如图 5-78 所示。

图 5-78　光线与文字的位置关系

（7）在图层"光"中，在第 7 帧和第 27 帧，分别插入关键帧，并将第 1 帧和第 27 帧中元件"光"的 Alpha 设置为 0%，然后，在第 1 帧到第 7 帧，第 7 帧到第 27 帧之间创建传统补间动画。时间轴效果如图 5-79 所示。

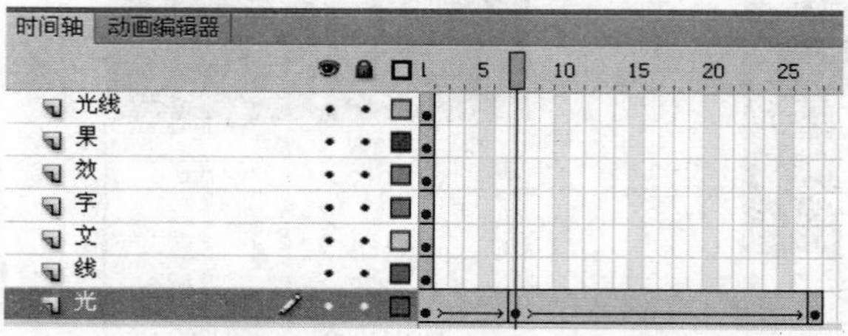

（8）在图层"线"中，在第 17 帧和第 37 帧，分别插入关键帧，并将第 1 帧和第 37 帧中元件"线"的 Alpha 设置为 0%，然后，在第 1 帧到第 17 帧，第 17 帧到第 37 帧之间创建传统补间动画。

图 5-79　图层光创建传统补间后的时间轴效果

（9）在图层"文"中，在第 27 帧和第 47 帧，分别插入关键帧，并将第 1 帧和第 47 帧中元件"文"的 Alpha 设置为 0%，然后，在第 1 帧到第 27 帧，第 27 帧到第 47 帧之间创建传统补间动画。

（10）在图层"字"中，在第 37 帧和第 57 帧，分别插入关键帧，并将第 1 帧和第 57 帧中元件"字"的 Alpha 设置为 0%，然后，在第 1 帧到第 37 帧，第 37 帧到第 57 帧之间创建传统补间动画。

（11）在图层"效"中，在第 47 帧和第 67 帧，分别插入关键帧，并将第 1 帧和第 67 帧中元件"效"的 Alpha 设置为 0%，然后，在第 1 帧到第 47 帧，第 47 帧到第 67 帧之间创建传统补间动画。

（12）在图层"果"中，在第 57 帧和第 67 帧，分别插入关键帧，并将第 1 帧和第 67 帧中元件"果"的 Alpha 设置为 0%，然后，在第 1 帧到第 57 帧，第 57 帧到第 67 帧之间创建传统补间动画。此时，时间轴效果如图 5-80 所示。单击 Ctrl+Enter 键，看到如图 5-81 所示的渐明渐暗的文字效果。

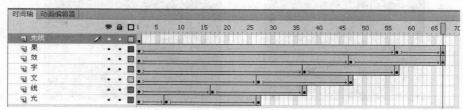

图 5-80　6 个文字层的时间轴效果

（13）在图层"光线"中，分别在第 11 帧、21 帧、32 帧、33 帧、43 帧、54 帧、65 帧处单击 F6 键，插入关键帧，并修改每个关键帧中光线的位置和形状。各关键帧中光线效果和位置如图 5-82～图 5-88 所示。

图 5-81　渐明渐暗的文字效果

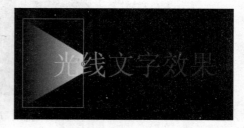

图 5-82　第 11 帧中光线形状和位置

图 5-83　第 21 帧中光线形状和位置

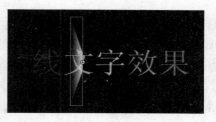

图 5-84　第 32 帧中光线形状和位置

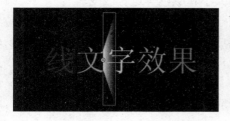

图 5-85　第 33 帧中光线形状和位置

图 5-86　第 43 帧中光线形状和位置

图 5-87　第 54 帧中光线形状和位置

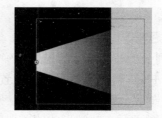

图 5-88　第 65 帧中光线形状和位置

　　（14）在图层"光线"中，分别在第 1 帧和第 11 帧、第 11 帧和第 21 帧、第 33 帧和第 43 帧、第 43 帧和第 54 帧、第 54 帧和第 65 帧之间创建传统补间动画。

　　（15）单击"控制"→"测试影片"→"在 Flash Professional 中"命令，预览动画效果。最后单击"文件"→"保存"命令，以"光线文字效果.fla"为文件名保存该动画文件。最终完成后的时间轴如图 5-89 所示，动画效果如图 5-90 所示。

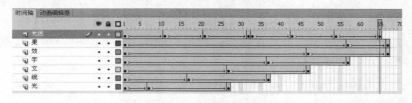

图 5-89　最终时间轴效果

图 5-90　动画最终效果

项目总结

本项目主要通过一系列任务，讲述了简单动画的基本制作方法。

通过本项目的学习，需要明确如下几点。

（1）逐帧动画有 3 种制作方法：用导入的静态图制作逐帧动画；在每个关键帧中绘制图形而形成逐帧动画；使用文字制作逐帧动画等。

（2）形状补间使用图形对象，在两个关键帧之间可以制作出变形效果，让一种形状随着时间变化成另一种形状，也可以对形状的位置、大小和颜色等进行改变。

（3）传统补间动画（运动补间动画）可以用于实现元素从一个位置移动到另一位置的动画制作，以及元素的颜色、透明度的变化等。构成运动补间动画的元素可以是影片剪辑、图形、按钮元件，也可以是文字、位图、组合等，但不能是形状，只有把形状"组合"或者转换成"元件"后才可以做运动补间动画。

（4）补间动画与传统补间动画是有区别的，应在实践中不断理解掌握。

习　　题

1. 选择题

（1）下列关于补间形状的描述正确的是（　　　）。

　　A．Flash 可以补间形状的位置、大小、颜色和不透明度

　　B．如果一次补间多个形状，则这些形状必须处在上下相邻的若干图层上

　　C．对于存在补间形状的图层无法使用遮罩效果

　　D．以上描述均正确

（2）制作补间形状时，要控制更加复杂或罕见的形状变化可以使用形状提示。关于形状提示，下列描述错误的是（　　　）。

　　A．形状提示会标识起始形状和结束形状中的相对应的点

　　B．形状提示最多可以使用 29 个形状提示点

　　C．起始关键帧上的形状提示点是黄色的，结束关键帧的形状提示点是绿色的，而当起始、结束关键帧不在一条曲线上时则其形状提示点均为红色

　　D．如果需要使用多个形状提示点，把他们的编号按照逆时针顺序依次排列，这样产生的变形效果最好

（3）下列关于逐帧动画和补间动画的描述正确的是（　　　）。

　　A．两种动画模式中，Flash 都必须记录各帧的完整信息

　　B．前者必须记录各帧的完整信息，而后者不用

　　C．前者不必记录各帧的完整信息，而后者必须记录各帧的完整信息

　　D．以上说法均错误

（4）下列变化过程无法通过"动画补间"实现的是（　　　）。

　　A．一个红色的矩形逐渐变成绿色的圆形

　　B．一个矩形的颜色逐渐变浅直至消失

　　C．一个矩形沿折线移动

D．一个矩形从舞台左边移动到右边

（5）关于补间动画中的"缓动"设置，下列描述错误的是（　　　）。

A．"缓动"对话框显示的图形表示随时间推移动画变化的程度

B．在"缓动"对话框中，帧由水平轴表示，变化的百分比由垂直轴表示。第一个关键帧表示为 0%，最后一个关键帧表示为 100%

C．在"缓动"对话框中，曲线水平时，变化速率为零；曲线垂直时，变化速率最大，一瞬间完成变化

D．对补间形状和动画补间都可以设定"缓动"曲线

（6）关键帧是定义在动画中的变化的帧，下列关于关键帧的描述错误的是（　　　）。

A．在补间动画中，可以在动画的重要位置定义关键帧，让 Flash 创建关键帧之间的帧内容

B．Flash 通过在两个关键帧之间绘制一个浅蓝色或浅绿色的箭头显示补间动画的内插帧

C．由于 Flash 文档保存每一个关键帧中的形状，所以只应在动画过程中有变化时创建关键帧，以减小最终生成的动画文件的大小

D．关键帧不可以绑定动作脚本，非关键帧则可以绑定动作脚本

（7）下列关于补间动画的描述正确的有（　　　）。（多选）

A．在补间动画中，在一个时间点定义一个实例、组或文本块的位置、大小和旋转等属性，然后在另一个时间点改变某些属性

B．要对组、实例或位图图像应用补间动画，首先必须分离这些元素，使它们成为形状以后才能进行

C．补间动画是创建随时间推移的动画的一种有效方法，可以减小所生成文件的大小

D．在补间动画中，Flash 只保存关键帧之间更改的值

（8）下列选项中不能创建补间形状动画的有（　　　）。（多选）

A．组合对象　　　B．实例对象　　　　C．圆形　　　　　　D．影片剪辑

2．填空题

（1）将文本分离成图形，使用＿＿＿＿＿＿命令。

（2）一旦形状补间创建成功，在时间轴中"时间轴"面板的背景色会变为＿＿＿＿＿＿色。

（3）传统补间动画创建成功，在时间轴中"时间轴"面板的背景色会变为＿＿＿＿＿＿色。

（4）运动补间动画可以实现一个元件的＿＿＿＿＿＿变化。

3．简答题

（1）如何创建运动补间动画？应注意些什么？

（2）如何创建补间形状动画？补间形状动画是否需要将图形转换为元件？

（3）关键帧与普通帧的区别是什么？它在补间动画中的作用是什么？

实训　掌握简单动画的制作方法

一、实训目的

（1）通过实训，重点掌握逐帧动画的制作方法与制作要点，理解逐帧动画的形成原理。

（2）通过实训，重点掌握补间形状动画的制作方法与制作要点，理解图形与元件的区别，理解补间形状动画的基本效果，掌握文字做补间形状动画的要点。

（3）通过实训，重点掌握传统补间动画的制作方法与制作要点，理解传统补间动画与补间形状动画的制作区别，理解传统补间动画与补间动画的区别。

二、实训内容

（1）根据提供的素材，制作一幅马在草原上奔跑的动画效果。效果如图 5-91 所示。

（2）使用逐帧动画制作方法，实现一个打字机效果，在一幅背景图中打印出若干行文字信息。效果如图 5-92 所示。

图 5-91　马在草原上奔跑

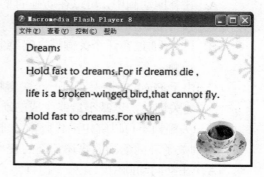

图 5-92　打字机效果（文字逐个出现）

（3）使用形状补间动画的制作方法，实现三角形的绘制过程，效果如图 5-93 所示。

（4）使用形状补间动画制作方法，实现文字之间的变化。效果类似于图 5-94 所示。具体要求是：数字 1 变形为"文学天地"，数字 2 变形为"影视鉴赏"，数字 3 变形为"网上交友"，数字 4 变形为"网站导航"。

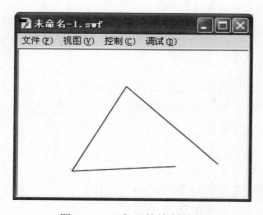

图 5-93　三角形的绘制过程

图 5-94　数字与文字之间的转换

（5）使用补间形状实现多种基本图形之间的转换。例如，圆形变为矩形，再由矩形变为三角形，三角形变为五角星，五角星变回为圆形。效果如图 5-95 所示。

（6）使用传统补间动画制作方法，实现文字的风吹效果。具体要求是：舞台中有一行字，逐个被风吹走消失，如图 5-96 所示，然后再逐个飞回到舞台中原来位置，效果如图 5-97

所示。

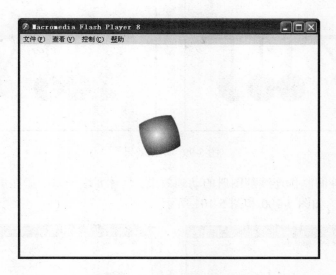

图 5-95　多种形状之间的变化（图示圆形变为矩形）

图 5-96　文字被风逐个吹走的效果　　　　　　图 5-97　文字逐个飞回到舞台的效果

（7）使用传统补间动画制作方法，实现如下效果。要求"苏州农职院欢迎你"这一行字首先由舞台外依次一个个进入到舞台中，每个文字分别实现从透明到不透明变化，如图 5-98 左图所示。然后，每个文字先后做大小及透明度变化，如图 5-98 右图所示。

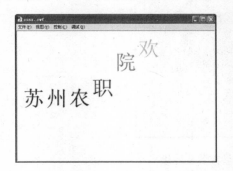

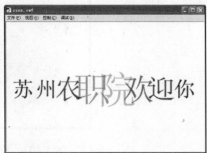

图 5-98　"苏州农职院欢迎你"动画效果

（8）使用传统补间动画制作方法，实现如下单摆效果。具体效果是：左边一个单摆晃动以后，右边最后一个单摆由于受到重力撞击会往上摆动，所以最后一个单摆先往上摆动再回到原位。左右单摆的运动效果如图 5-99 所示。

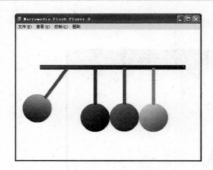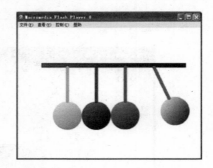

图 5-99　单摆效果

（9）使用传统补间制作连续翻图册的动画效果。具体要求一本画册在屏幕右侧向左翻页，每页正反内容不同，如图 5-100 和图 5-101 所示。

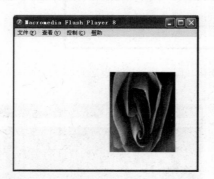

图 5-100　初始状态（含第 1 页正面效果）　　图 5-101　第 1 页背面和第 2 页正面

（10）利用传统补间制作旋转洋葱皮效果。具体效果要求是：一行文字在舞台中顺时针旋转一周，在其后有一串逐渐淡化的文字随着它一起旋转，如图 5-102 所示。

图 5-102　旋转洋葱皮效果

项目6　复杂动画制作

项目描述

　　本项目主要介绍怎样在 Flash 中制作引导动画、遮罩动画、3D 效果动画和骨骼动画等内容，这些内容比上一个项目的内容操作起来更加复杂一些，但是可以制作出更加丰富的效果。

项目目标

　　通过本项目的学习，读者应重点掌握引导动画、遮罩动画、3D 效果动画和骨骼动画，并且可以用这些知识点制作多个完整的小项目。

任务1　"秋风落叶"动画制作

一、任务说明

　　本任务主要带领读者掌握引导动画的制作方法，制作出树叶飘落的动画，并且结合之前学过的逐帧动画，制作出比较真实的树叶翻转效果。

二、任务实施

1. 拼出动画场景

（1）新建 Flash 文件，并以"秋风落叶.fla"为名保存文件。打开教材配套光盘"素材与实例/项目 6/动画素材/秋风落叶/树.fla"文件，按 Ctrl+C 快捷键复制树，回到"秋风落叶.fla"文件，按 Ctrl+V 快捷键粘贴，如图 6-1 所示。

图 6-1　贴入场景中的树

　　（2）用同样的方法把教材配套光盘"素材与实例/项目 6/动画素材/秋风落叶"中的"云.fla"和"叶子.fla"文件中的云和树叶粘贴到"秋风落叶.fla"文件中。把每个对象都放在不同的图层中，图层分配如图 6-2 所示。

　　（3）新建一个"背景"图层放在最底层，可以暂时隐藏前面的图层，如图 6-3 所示。用

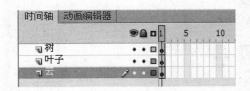

图 6-2　图层分配方式

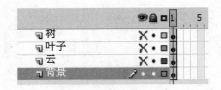

图 6-3　隐藏其他图层

"矩形工具"▭绘制一个矩形。选中矩形，按快捷键 Ctrl+K 打开"对齐"面板，勾选"相对于舞台"项，然后单击"匹配大小"和"间隔"项下的几个按钮，匹配舞台大小和平均间隔，如图 6-4 所示。

（4）打开"颜色"面板，选择"线性渐变"项，然后在下面设置深蓝至浅蓝再到白色的渐变，如图 6-5 所示。

图 6-4　对齐面板

图 6-5　颜色设置

（5）选择"颜料桶工具"，保持填充锁定按钮处于非锁定状态，按住鼠标左键从下到上拖拉进行灌色，画出天空，然后按快捷键 Ctrl+G 组合。显示被隐藏的图层，调整云、树及树叶的位置和大小，如图 6-6 所示。

 提示

　　按住 Shift 键填充渐变，可以保证渐变是垂直、水平或者 45°角方向。

图 6-6　组合效果

如图 6-10 所示。

（6）在"背景"图层，保持不选中任何对象，按快捷键 Ctrl+G 建立一个空白组合，绘制土坡线框，如图 6-7 所示。并且给土坡上色，如图 6-8 所示。

2. 制作引导层动画

（1）在"叶子"图层上新建图层，在图层文字上单击右键选择"引导层"项，如图 6-9 所示。单击"叶子"图层，按住左键不放，把它拖动到"引导层"下，让"引导层"引导"叶子"图层，

图 6-7 土坡线框

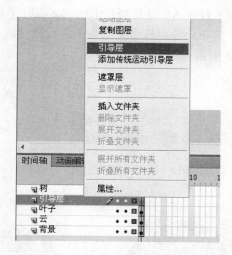

图 6-8 土坡颜色

图 6-9 设引导层

（2）用"铅笔工具"在"引导层"上绘制出叶子的运动路径，如图 6-11 所示。

图 6-10 引导叶子图层

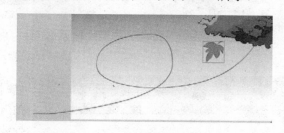

图 6-11 路径线

（3）选中叶子对象，按快捷键 F8，把它转换为"图形"元件。这里如果叶子只是以一个状态进行飘落的，可以把它转换为"影片剪辑"元件，如果叶子元件内部还要做动画。那么为了精确控制，可以把它转换为"图形"元件，如图 6-12 所示。

图 6-12 把叶子转换为元件

 提 示

要做引导动画必须满足两个条件。第一，在引导层中要有运动路径线。第二，被引导的物体必须是元件。同一个路径线可以引导两个甚至多个元件，但每个元件必须单独在一个图层内。

（4）双击"叶子"元件进入"叶子"元件编辑模式，按快捷键 F7 创建一个空白关键帧。在时间轴下面打开"绘图纸外观" 按钮，这样就可以半透明的显示范围内的帧，如图 6-13 所示。用逐帧动画绘制出叶子翻滚的形状，如图 6-14 所示。

（5）绘制出叶子的翻滚状态，并上色，如图 6-15～图 6-17 所示。每个状态都是新的一帧。

在时间轴上按住 Alt 键复制叶子状态 2 到叶子状态 4 后面，然后再复制叶子初始状态到最后一帧上，按 F5 键对每个关键帧都进行延续，
如图 6-18 所示。

图 6-14　叶子翻滚

图 6-13　绘图纸显示范围

图 6-15　叶子状态 2

图 6-16　叶子状态 3

图 6-17　叶子状态 4

图 6-18　叶子翻滚动画时间轴

（6）回到主场景，选择"叶子"元件，在"属性"面板的"循环"选项中把它设为"单帧"，如图 6-19 所示。把"叶子"元件放在引导线开始的位置，中心点必须在引导线上，如图 6-20 所示。按 F5 键延续时间轴。在第 56 帧处按 F6 键设第 2 个关键帧，如图 6-21 所示。在两个关键帧中间单击右键，选择"创建传统补间"，如图 6-22 所示。在第 2 个关键帧的位置，把"叶子"元件移动到路径线的末尾，按快捷键 Q 选择"任意变形工具" ，对叶子进行旋转，如图 6-23 所示。

图 6-19　叶子元件第 1 帧属性设置

图 6-20　叶子第 1 帧位置

（7）观察叶子是否沿着路径运动，没有的话可能是叶子的中心点没有在路径线上。移动时间线，当叶子处于路径翻转的位置时我们在时间轴该处再按 F6 键加入关键帧，如图 6-24 所示。

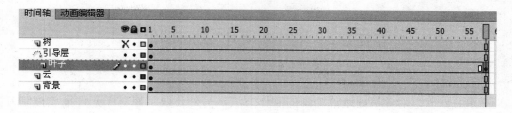

图 6-21 设置第 2 个关键帧

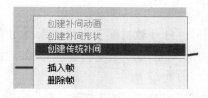

图 6-22 创建传统补间

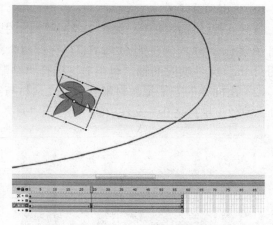

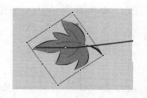

图 6-23 叶子在第 2 个关键帧的状态 图 6-24 叶子第 3 个关键帧位置

（8）选中叶子，在"属性"面板的"循环"选项中设为"播放一次"，如图 6-25 所示。

（9）按快捷键 Ctrl+Enter 观看动画效果。或者执行"文件"→"导出"→"导出影片"菜单命令导出.swf 格式的影片，如图 6-26 所示。

图 6-25 第 3 个关键帧属性设置

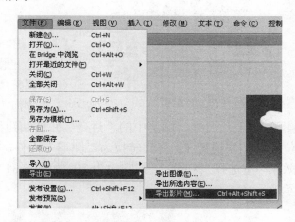

图 6-26 影片导出

三、课外作业

运用之前所学的知识对项目进行以下优化。

（1）给树枝做出晃动的动画效果。

（2）给天空中的云做出平移动画效果。

任务2　"海上生明月"动画制作

一、任务说明

本任务主要带领读者掌握遮罩动画的制作方法，另外还要掌握对于元件播放控制方面的知识，最终制作出月亮从海面上升起的动画。

二、任务实施

1. 拼出动画场景

（1）新建 Flash 文件，保存文件为"海上生明月.fla"。打开教材配套光盘"素材与实例/项目 6/动画素材/海上生明月/海.fla"，选择两个图层，单击右键选择"复制层"，回到"海上生明月.fla"文件的时间轴，单击右键选择"粘贴层"，如图 6-27 所示。

（2）用同样的方法把教材配套光盘"素材与实例/项目 6/动画素材/海上生明月"中的"房子.fla"和"星星月亮.fla"文件中的"房子"、"月亮"和"星星"粘贴到"海上生明月.fla"文件中。把每个对象都放在不同的图层中，图层分配如图 6-28 所示。

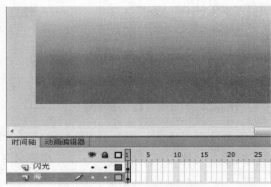

图 6-27　大海图层设置

图 6-28　图层分配

图 6-29　背景层

（3）新建一图层为"背景"层，用"矩形工具"绘制天空，放置于最底层，如图 6-29 所示。

（4）调整所有对象的位置和大小，让它们排布在天空中。在"海"图层之上新建一图层并重命名为"月亮倒影"，复制"月亮"图层中的"月亮"并粘贴到该图层中，并将其移到月亮在水面上倒影的位置。按快捷键 F8 将其转换为"图形"元件，如图 6-30 所示。在"属性"面板中"色彩效果"里选择"Alpha"，把它设为 30，如图 6-31 所示。调整整体画面，最终效果如图 6-32 所示。

图 6-30　转换为"月亮倒影"元件

图 6-31 "月亮倒影"元件属性设置

图 6-32 最终拼接效果

2. 制作月亮升起动画

（1）按 F5 键延续每个图层的帧到第 100 帧。在第 66 帧的位置按快捷键 F6 分别给"月亮"图层及"月亮倒影"图层添加关键帧，如图 6-33 所示。

图 6-33 关键帧位置

（2）在"月亮"图层第 1 帧把月亮移到海面下，如图 6-34 所示。

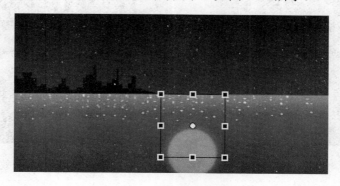

图 6-34 第一帧月亮位置

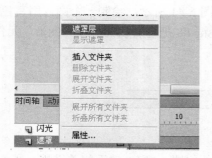

图 6-35 设置遮罩层

（3）在"月亮倒影"图层上面新建一个图层，单击鼠标右键设为"遮罩层"，如图 6-35、图 6-36 所示。

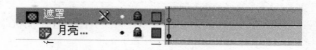

图 6-36 遮罩图层

提 示

　　遮罩也可以叫蒙版。被遮罩层遮住的地方是能被看到的地方。只有把遮罩层和被遮罩的图层都锁住，才能预览到遮罩效果。

　　（4）在"海"图层中按快捷键 Ctrl+C 复制"海面"组合对象，到"遮罩"层，解除锁定，按快捷键 Ctrl+Shift+V 原位粘贴到"遮罩"层，如图 6-37 所示。这样海面范围就被做成了"月亮倒影"的遮罩范围，倒影移动到海面范围外将不会被显现。

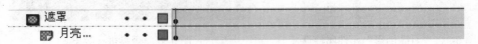

图 6-37　复制"海面"组合对象到"遮罩"图层

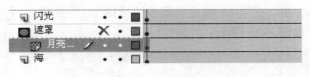

图 6-38　隐藏遮罩层

　　（5）暂时隐藏"遮罩"层，对"月亮倒影"图层解锁，如图 6-38 所示。在第 1 帧的位置选择"月亮倒影"元件，将它向上平移出海面，如图 6-39 所示。

　　（6）分别在"月亮倒影"和"月亮"图层做动画，选择"创建传统补间"。显示遮罩层，锁定"遮罩层"和"月亮倒影"图层，效果如图 6-40 所示。

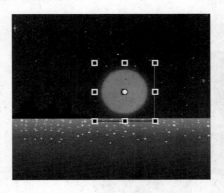

图 6-39　月亮倒影起始位置

图 6-40　遮罩动画效果

3. 美化制作效果

　　（1）在"房子"图层上新建一层"灯光"图层，如图 6-41 所示。绘制一个圆，用黄色到黄色透明的径向渐变色填充它，如图 6-42 所示。按快捷键 F8 把它转换为一个"图形"元件，如图 6-43 所示。

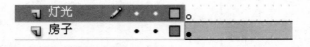

图 6-41　"灯光"层

　　（2）双击进入元件内部编辑，分别在第 17 和 35 帧的位置，按 F6 键添加关键帧。在关键帧中间单击鼠标右键，选择"创建补间形状"如图 6-44 和图 6-45 所示。

图 6-42 径向渐变设置

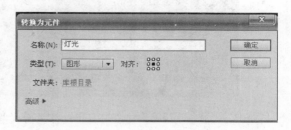

图 6-43 转换为图形元件

图 6-44 创建补间形状

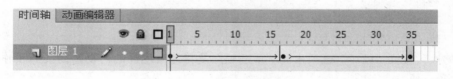

图 6-45 补间形状

（3）在第 1 帧选择径向渐变的圆球，把黄色的 Aphla 值改为 50，如图 6-46 所示，最后 1 帧同样设置。

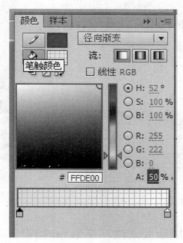

图 6-46 改变圆球透明度

（4）回到主场景，按住 Ctrl+Alt 键，配合鼠标左键的单击移动，对"灯光"进行复制。调整"灯光"的大小，并在"属性"面板的"色彩效果"中调整它们的 Aphla 值，如图 6-47 所示。

图 6-47　灯光效果

（5）选中"灯光"元件，在"属性"面板的"循环"选项中把"第一帧"设为 6，如图 6-48 所示。用同样的方法对其他的灯光进行设置，把它们的播放首帧都错落开。

图 6-48　播放首帧设置

提　示

　　"属性"面板"循环"选项中的"第一帧"是指定该元件的内动画的某一帧作为外部播放的第一帧。

（6）在最上面新建一图层，取名"暗色"。用上面讲到的原位粘贴，复制"海面"组合到这一层，如图 6-49 所示。按 Ctrl+B 键分离对象，在"颜色"面板中选择黑色，Aphla 设为 40，如图 6-50 所示。

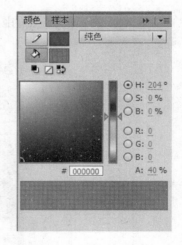

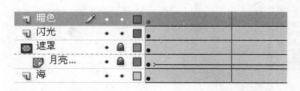

图 6-49　"暗色"图层　　　　　　　　　　　图 6-50　半透明黑色填充设置

（7）在"暗色"层第 66 帧添加关键帧。在第 66 帧设置黑色填充的 Aphla 值为 0。在中间选择"创建补间形状"。同样在"闪光"层的第 66 帧添加关键帧。在第 1 帧设置"闪光"元件的 Aphla 值为 0，在中间选择"创建传统补间"，如图 6-51 所示。

（8）按快捷键 Ctrl+Enter 观看动画效果。或者执行"文件"→"导出"→"导出影片"命令导出.swf 格式的影片。

图 6-51 给暗色，闪光图层创建关键帧

三、课外作业

（1）制作出水面的波纹效果。

（2）添加字幕"海上生明月"，用遮罩动画方式在字幕内部制作出光划过的效果。

任务 3 "梦幻水晶球"动画制作

一、任务说明

本任务主要带领读者掌握 3D 动画效果的制作方法，了解 3D 旋转工具和 3D 平移工具的运用，制作出漂亮的水晶球动画效果。

二、任务实施

1. 拼出动画场景

（1）新建 Flash 文件，保存文件为"梦幻水晶球.fla"。打开教材配套光盘"素材与实例/项目 6/动画素材/梦幻水晶球/水晶球.fla"，按快捷键 Ctrl+C 复制水晶球，回到"梦幻水晶球.fla"文件，按快捷键 Ctrl+V 粘贴，如图 6-52 所示。按 Ctrl+J 键打开文档设置，把背景颜色改为黑色，如图 6-53 所示。

图 6-52 水晶球图层

（2）用同样的方法把教材配套光盘"素材与实例/项目 6/动画素材/梦幻水晶球/钢琴.fla"组合对象粘贴到"梦幻水晶球.fla"文件中，放在新建的"钢琴"图层里，置于"水晶球"图层下面，如图 6-54 所示。

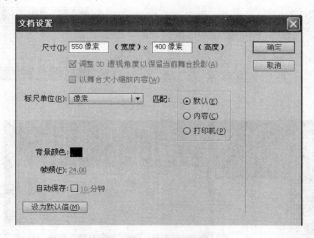

图 6-53 改背景颜色

（3）调整钢琴大小，放在水晶球中，如图 6-55 所示。在"水晶球"图层中用白色到白色透明的径向渐变画出水晶球的投影，如图 6-56 所示。

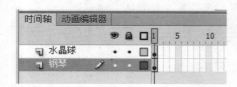

图 6-54　钢琴图层

（4）在"钢琴"层上面新建一图层，取名为"雪花1"，然后用"刷子工具"调整好笔刷大小，用白色在场景中画出雪花，注意不要画到水晶球外面，如图 6-57 所示。继续新建图层，取名为"雪花2"，如图 6-58 所示。放在"钢琴"图层下面。用浅灰色绘制雪花，如图 6-59 所示。

图 6-55　钢琴摆放位置

图 6-56　投影

图 6-57　前景雪花

图 6-58　"雪花2"图层

图 6-59　背景雪花

2. 制作 3D 旋转小水晶

（1）在"水晶球"图层下面新建"3D 水晶"图层，如图 6-60 所示。绘制一个正方形，按 F8 键将其转换成"影片剪辑"元件"立方体水晶"，如图 6-61 所示。

图 6-60　3D 水晶层

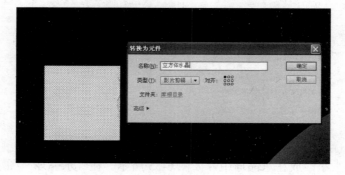

图 6-61　转换为影片剪辑元件

（2）双击进入"影片剪辑"元件编辑模式，打开"属性"面板，对正方形的大小和颜色进行设置，如图 6-62 所示。然后选中正方形，在选中"选择工具"的前提下按住 Alt 键进行拖移复制，总共复制出 6 个相等的正方形。改变每个正方形的颜色，如图 6-63 所示。

图 6-62　正方形属性设置

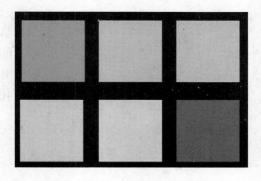

图 6-63　复制正方形并改颜色

（3）按 F8 键把第一个正方形转换为"影片剪辑"元件"水晶-1"，如图 6-64 所示。并且选中该元件，在"属性"的面板"色彩效果"中设置 Aphla 值为 80，在"滤镜"选项中给它添加发光效果，X、Y 模糊都为 40，发光颜色选择正方形本身的颜色，如图 6-65 所示。

（4）用同样的方法给其他正方形进行设置，如图 6-66 所示。

图 6-64　转换成影片剪辑元件

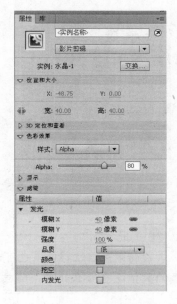

图 6-65　"水晶-1"元件属性设置

图 6-66　设置好以后的正方形

（5）先在"属性"面板的"3D 定位和查看"中把其中一个正方形定义在（0，0，0）的位置，如图 6-67 所示。然后选择第二个正方形，把它定义在（0，0，40）的位置，如图 6-68 所示。Z 轴的位置可以根据正方形的大小进行调整，摆放效果如图 6-69 所示。可以用快捷键 Ctrl+↑ 和 Ctrl+↓ 来调整元件的上下关系。再选择第三个正方形，设定"变形"面板"3D 旋转"中的 Y 的值为 90，如图 6-70 所示。然后在"属性"面板的"3D 定位和查看"中把它定义在（0，0，40）的位置，最终效果如图 6-71 所示。

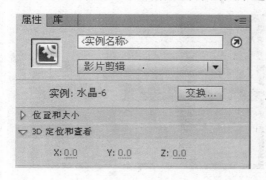

图 6-67　第一个面定位

图 6-68　第二个面定位

图 6-69　第一、二个面摆放的效果

图 6-70　第三个面变换设置

图 6-71　第三个面摆放的效果

 提 示

旋转效果、位移效果也可以用工具箱里的 3D 旋转工具和 3D 平移工具实现。但是出来的数值没有那么精确，随意性比较大。

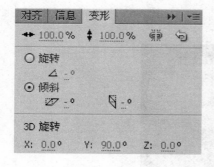

图 6-72　第四个面变形

（6）用同样的方法放置第四个面，"3D 旋转"为 0，90，0，如图 6-72 所示。"3D 定位和查看"设为 40，0，40，如图 6-73 所示。

图 6-73　第四个面定位

（7）第五个面"3D 旋转"为 90，0，0，如图 6-74 所示。"3D 定位和查看"设为 0，0，0，如图 6-75 所示。

图 6-74　第五个面变形

图 6-75　第五个面定位

（8）第六个面"3D 旋转"为 90，0，0，如图 6-76 所示。"3D 定位和查看"设为 0，40，0，如图 6-77 所示。最终效果如图 6-78 所示。

图 6-76　第六个面变形

图 6-77　第六个面定位

图 6-78　正方体最终效果

提示

要实现 3D 旋转，3D 位移效果必须在新建文件时选用 ActionScript 3.0，同时必须把要旋转的物体设定为影片剪辑元件。

（9）回到主场景，把"立方体水晶"放到适合的位置，并进行缩放，如图 6-79 所示。按 F8 键再把它转换成名为"水晶运动"的图形元件，如图 6-80 所示。这么做是为了后期复制多个不同的水晶，并且错开它们的运动。

图 6-79　水晶位置

图 6-80　转换为元件

（10）双击进入图形元件编辑模式，按 F6 键延续帧到第 80 帧，并创建关键帧，在第 1 帧上单击右键，选择"创建补间动画"。选中所有帧，打开"动画编辑器"，在第 80 帧的位置把 X、Y、Z 的数值都改成 360，如图 6-81 所示。当然，还可以对其他选项进行设置，也可以在其他帧做动画效果。

图 6-81　动画设置

（11）回到主场景，复制"水晶运动"图形元件，改变复制元件的大小和位置。新建图层"3D 水晶 2"放在"钢琴"图层下面。选择每个"水晶运动"元件，在"属性"面板的"循环"中把它们的"第一帧"错开设置。最后按 F5 键延续主场景所有帧到 80 帧，最终效果如图 6-82 所示。最后把它导出成.swf 格式的动画。

图 6-82　最终效果图

提　示

注意 Flash Player 如果版本过老会无法播放 3D 的动画效果。

任务 4　"做早操的小男孩"动画制作

一、任务说明

本任务主要带领读者掌握 Flash 中"骨骼工具"的运用，并且还要了解人物的分组方法，最终完成小男孩做早操的动画。

二、任务实施

1. 拼出动画场景

（1）新建 Flash 文件，保存文件为"做早操的小男孩.fla"。打开教材配套光盘"素材与实例/项目 6/动画素材/做早操的小男孩/小男孩.fla"，按快捷键 Ctrl+C 复制"男孩"，回到"做早操的小男孩.fla"文件，按快捷键 Ctrl+V 粘贴。用同样的方法复制教材配套光盘"素材与实例/项目 6/动画素材/做早操的小男孩/场景.fla"里的所有对象，在"男孩"图层下新建"背景"图层，把刚才复制的对象粘贴到"背景"层，如图 6-83 所示。

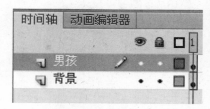

图 6-83　图层分配

（2）隐藏"男孩"层，把"背景"层里的对象放到合适的位置，并进行相应的复制和缩放，把它们拼接成一个完整的场景。还可以自己添加一些适合于该场景的对象。场景最终效果如图 6-84 所示。

图 6-84　场景最终效果

2.　给人物绑定骨骼

（1）锁定"背景"层，显示"男孩"层，全选，并按 F8 键把"男孩"整体转换名为"男孩运动"的"图形"元件，如图 6-85 所示。

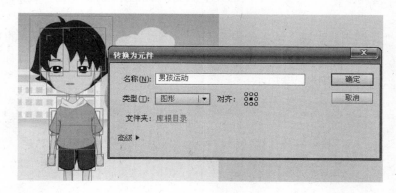

图 6-85　转换为图形元件

（2）用"任意变形工具"调整人物姿势，让它们撑开，以便于我们绑定骨骼，如图 6-86 所示。

（3）把人物头部整个选中转换为图形元件，脖子单独做成图形元件，身体分为两个元件，左边的袖子和上半段手臂做成一个元件，下半段手臂一个元件，手单独转换成图形元件。右

图 6-86　人物起始姿势

边的手臂用同样的方式设定。左边的裤腿设为一个元件，小腿为一个元件，脚单独设一个图形元件。右边的腿也是同样的方式设定。用快捷键 Ctrl+↑和 Ctrl+↓调整元件上下关系，最终元件设定如图 6-87 所示。元件命名要规范，如图 6-88 所示。

图 6-88　人物元件命名

图 6-87　人物元件分布

 提　示

　　绘制人物对象的时候特别要注意关节处一定要画圆润，并且要多画一些，以便于做运动时不会"露馅"。

　　（4）按 Q 键切换到"任意变形工具"调整人物元件的中心点，把中心点都调到关节处，如图 6-89 所示。

　　（5）选择"骨骼工具"，从人物身体开始向上做骨骼。单击下半部分的身体，拖出骨骼，按住鼠标左键不放，移动到身体上半部分元件上，当出现"+"时松开鼠标，用同样的方法连接脖子和头，效果如图 6-90 所示。

图 6-89　人物元件关键点

图 6-90　身体主干骨骼

（6）从脖子处的骨骼开始向手臂拖出骨骼，然后向小臂和手继续拖动。用同样的方法做出另外一半的手臂的骨骼。从身体下半部分的骨骼开始向裤腿、小腿、脚分别拖出骨骼，最后效果如图 6-91 所示。

（7）可以发现人物元件的上下关系乱了，可以用"选择工具"选中后按快捷键 Ctrl+↑ 和 Ctrl+↓ 键调整，最终效果如图 6-92 所示。

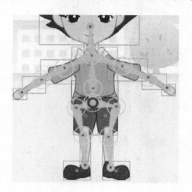

图 6-91   男孩骨骼

图 6-92   人物骨骼最终效果

 提 示

注意每次骨骼绑定时一定要拖动到关节转折处，或者可以进行弯曲的地方。

3．人物骨骼动画

（1）可以发现时间轴里形成了一层"骨架"层，如图 6-93 所示。按 F5 键延续帧，在第 10 帧单击鼠标右键，选择"插入姿势"命令，如图 6-94 所示。调整骨骼上的各个关节点，效果如图 6-95 所示。

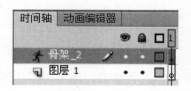

图 6-93   骨架层

图 6-94   插入姿势

（2）按住 Alt 键复制第 1 帧到第 20 帧上。在第 30 帧上继续执行"插入姿势"命令，调整骨骼如图 6-96 所示。

（3）在第 40 帧执行"插入姿势"命令，调整姿势如图 6-97 所示。在做这个姿势时一定要注意右脚的位置是不变的。在第 45 帧的位置执行"插入姿势"命令，把腿再往下压。按住 Alt 键把第 40 帧复制到第 50 帧的位置。用同样的方式把第 45 帧复制到第 55 帧，再把第 50 帧复制到第 60 帧上。

（4）按住 Alt 键复制第 1 帧到第 70 帧的位置，在第 80 帧执行"插入姿势"命令，调整姿势如图 6-98 所示。在第 85 帧的位置执行"插入姿势"命令，把腿再往下压。按住

Alt 键复制第 80 帧到第 90 帧的位置。用同样的方式把第 85 帧复制到第 95 帧，再把第 90 帧复制到第 100 帧上。按住 Alt 键复制第 1 帧到第 110 帧的位置，最后再延续帧到第 120 帧。

图 6-95　　男孩 10 帧姿势

图 6-96　　男孩 30 帧姿势

图 6-97　　男孩 40 帧姿势

图 6-98　　男孩 80 帧姿势

（5）回到主场景，导出.swf 格式动画。

三、课外作业

（1）在操场上添加上适当的对象。

（2）根据制作中出现的问题，对男孩元件中的各个部分进行修改，然后再多给男孩做一些早操动作。

任务 5　"滑雪表演"动画制作

一、任务说明

本任务主要带领读者对前面学过的内容进行复习，做出引导、遮罩、3D 旋转、骨骼、逐帧等动画，最终完成滑雪表演动画。

二、任务实施

1. 拼出动画场景

（1）打开教材配套光盘"素材与实例/项目 6/动画素材/滑雪表演/场景.fla"，按快捷键

Ctrl+Alt+S 将其另存为"滑雪表演.fla"。再打开教材配套光盘"素材与实例/项目 6/动画素材/滑雪表演/人物.fla"文件,把"人物"粘贴到"滑雪表演.fla"中,放在"中景"层上面,调整人物大小,如图 6-99 所示。

（2）在"前景"层上新建一层,命名为"牌子",读者自行绘制一块指示牌,然后在上面写上自己的名字。效果如图 6-100 所示。

图 6-99　场景人物拼接效果　　　　　　　　　　图 6-100　牌子

2. 人物骨骼动画制作

（1）锁定除了"人物"外的所有图层,全选后按 F8 键转换成名为"滑雪动作"的图形元件,如图 6-101 所示。

图 6-101　转换为元件

（2）双击进入元件编辑模式,把人物的头部、身体、上手臂、下手臂、手分别转换为图形元件,注意滑板和脚放在一个元件里,滑竿和手也放在一起,围巾和身体放在一个元件里,效果如图 6-102 所示。

（3）用"骨骼工具"命令绑定人物骨骼,如果骨骼显得过大而影响视线的话可以把人物放大些再绑。如图 6-103 所示。

（4）按 F5 键延续到第 18 帧,在骨骼图层第 7 帧的位置单击右键执行"插入姿势"命令,调整骨骼和人物整体高度,效果如图 6-104 所示。然后复制第 1 帧到第 14 帧的位置。返回到主场景,调整"人物"元件大小，如图 6-105 所示。

图 6-102　人物元件设置

图 6-103　人物骨骼绑定

图 6-104　人物状态

图 6-105　人物初始状态

3. 引导动画制作

（1）在"人物"图层上新建一个图层，单击右键设置为"引导层"，单击"人物"图层，按住左键不放，把它拖动到"引导层"下，如图 6-106 所示。在"引导层"上绘制一条人物运动曲线，如图 6-107 所示。

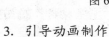

图 6-106　引导层

图 6-107　引导线

（2）按 F5 键延续帧到第 150 帧，在"人物"图层的第 80 帧按 F6 插入关键帧。单击鼠标右键选择"创建传统补间"命令。在第 1 帧把元件放在路径线开始的位置，在第 80 帧把人物放在路径线末尾的位置。注意人物在第 80 帧的时候应该是被前景完全遮挡住的。在"属性"
面板的"补间"中把缓动的数值设为-70，如图 6-108 所
示。这样人物就是加速运动，符合一般的运动规律。然
后在人物运动第 1 帧把人物缩小到原来的 80%，可以通
过"修改"→"变形"→"缩放和旋转"菜单或按快捷
键 Ctrl+Alt+S 实现。在第 80 帧把人物放大到原来的
120%。在"人物"层和"引导层"的第 81 帧的位置按
F7 键把帧设为空白关键帧。

图 6-108 加速运动设定

4. 遮罩动画制作

（1）回到主场景，在"中景"层上面新建"划痕"
层。单击"绘图纸外观工具" 按钮，此时人物的运动
轨迹就半透明显示出来了，如图 6-109 所示。按照雪地
上蓝色鞋子的运动轨迹绘制划痕，注意远细近粗。最终效果如图 6-110 所示。

图 6-109 绘图纸外观

图 6-110 划痕

（2）在"划痕"层上新建一图层，单击鼠标右键选择"遮罩层"命令。绘制一个能盖住划痕
的长方形，如图 6-111 所示。在第 80 帧添加关键帧，在第 1 帧把遮罩向上移，如图 6-112 所示。

图 6-111 矩形遮罩

图 6-112 遮罩第 1 帧

单击鼠标右键选择"创建传统补间"命令。在"属性"面板中设定缓动值为"–70"。继续调整遮罩运动的速度，让它始终跟在人物的脚后跟。最后锁定"遮罩"和"划痕"层就可以看到效果。

5. 优化整体效果

（1）在"人物"图层的第 90 帧添加关键帧，按住 Alt 键把"人物"元件第 80 帧复制到上面，然后在 99 帧添加关键帧，如图 6-113 所示。在第 90 帧把人物放大 150%，调整人物位置，如图 6-114 所示。在第 99 帧把人物再放大 150%，如图 6-115 所示。在这中间创建传统补间。

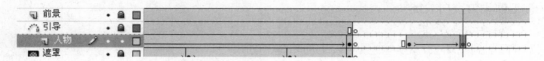

图 6-113　人物图层帧设置

图 6-114　第 90 帧状态

图 6-115　第 99 帧状态

（2）在最上面新建一图层"人物 2"，在第 100 帧的位置添加关键帧，复制"人物"图层的第 99 帧到上面。把人物放大 120%，如图 6-116 所示。在第 105 帧添加关键帧，把人物放大到 103%，移动人物位置，如图 6-117 所示。在第 100 帧和第 105 帧之间鼠标右键单击"创建传统补间"命令。

图 6-116　第 100 帧状态

图 6-117　第 105 帧状态

（3）在"前景"图层，逐帧绘制第 100 帧到第 103 帧雪溅起的状态，如图 6-118～图 6-121 所示。

图 6-118　前景第 100 帧状态

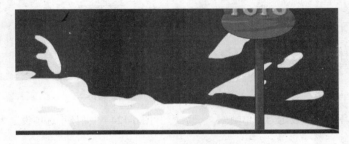

图 6-119　前景第 101 帧状态

图 6-120　前景第 102 帧状态

图 6-121　前景第 103 帧状态

（4）选中"牌子"图层所有内容，按 F8 键转换为名为"牌子"的"图形"元件。双击进入元件编辑模式，选中牌子单击鼠标右键选择"分散到图层"命令，选中牌子的上面部分按 F8 键将其转换为"影片剪辑"元件"牌子的上部"。按 F5 键延续至第 35 帧，在第 1 帧单击鼠标右键，选择"创建补间动画"命令。选择第 5 帧，在"变形"面板的"3D 旋转"里设定 Y 为 30°，如图 6-122 所示。选择第 10 帧，同样的方法设定 Y 为–30°，在第 15 帧设定 Y 为 15°，在第 20 帧设定 Y 为–15°，在第 25 帧设定 Y 为 5°，在第 30 帧设定 Y 为 0°。

（5）回到主场景，在"属性"面板中将"牌子"元件的"循环"中的"选项"设定为"单帧"，如图 6-123 所示。然后在第

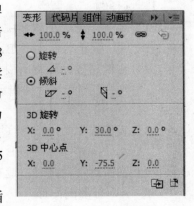

图 6-122　3D 设置

105 帧添加关键帧，在"属性"面板中的"循环"中的"选项"设定为"播放一次"，如图 6-124 所示。

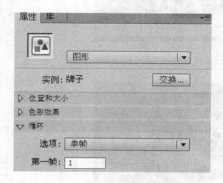 

图 6-123　"循环"选项设定为"单帧"　　　　图 6-124　"循环"选项设定为"播放一次"

（6）最后，按快捷键 Ctrl+Enter 观看动画效果。或者执行"文件"→"导出"→"导出影片"导出.swf 格式的影片。

项目总结

本项目主要通过"秋风落叶"、"海上升明月"、"梦幻水晶球"和"做早操的小男孩"来讲述引导动画、遮罩动画、3D 效果动画的制作及骨骼动画的制作要点。最后的任务"滑雪表演"是对前面几个知识点的综合运用。另外，在制作复杂动画时特别要注意以下几点。

（1）引导层动画引导的是元件。

（2）遮罩动画中被遮住的地方是能显现的区域。

（3）多个物体拼合成 3D 物体时一定要准确的定义每个物体的位置，以（0，0，0）这个原点位置作为参考。

（4）要做骨骼动画的元件，衔接处一定要多画一些，以免做运动时露馅，在绑定骨骼时一定要绑在关节处。

习　　题

1. 选择题

（1）要制作一个小球弹跳动画，最常用到的动画方式是（　　）。

　　A. 引导动画　　　　B. 遮罩动画　　　　C. 逐帧动画　　　　D. 变形动画

（2）在做引导动画时所引导的物体（　　）。（多选）

　　A. 必须是影片剪辑元件　　　　　　B. 必须是元件

　　C. 可以是动态的　　　　　　　　　D. 必须是静止的

（3）我们选中帧，按住（　　）键，可以对该帧进行移动复制。

　　A. Shift　　　　　　B. Ctrl　　　　　　C. Alt　　　　　　D. Ctrl+C

（4）在做遮罩动画时，遮罩可以是（　　）。

　　A. 打散的图形　　　　　　　　　　B. 影片剪辑元件

　　C. 带有动态的图形元件　　　　　　D. 以上都可以

（5）做 3D 旋转的物体必须是（　　　）。

    A．图形元件　　　　B．影片剪辑元件　　　　C．按钮元件　　　　D．元件

（6）给元件做骨骼绑定时（　　　）。

    A．不必在意元件的上下位置的变化，因为后期可以再调整

    B．要注意绑定的位置一定要点在关节上

    C．要按照一定的顺序

    D．以上都正确

2. 填空题

（1）对两个元件做引导动画，至少需要＿＿＿＿＿＿个引导层。

（2）在 Flash CS6 中，做遮罩（蒙版）效果至少需要＿＿＿＿＿＿个图层。

（3）遮罩（蒙版）层的作用是在遮罩图层的对象区域内显示＿＿＿＿＿＿的内容。

（4）要用 Flash 制作 3D 翻转效果，必须在新建文件时选择＿＿＿＿＿＿。

（5）给人物做骨骼动画前一定要用任意变形工具调整＿＿＿＿＿＿。

3. 简答题

（1）简述雪落下的制作方式，注意要有多个雪花。

（2）在 Flash 中画一个圆球，然后转换成影片剪辑元件，再给它加上模糊滤镜。用这个圆做遮罩，完成后的圆形遮罩效果边缘是什么效果？

（3）怎样让一个内部有动画的图形元件，在外部时间轴中延续帧后仍然呈现静止的状态。

实训　掌握复杂动画的制作方法

一、实训目的

（1）熟练掌握引导动画的制作。

（2）熟练掌握遮罩动画的制作。

（3）掌握 3D 变换的方法。

（4）掌握骨骼动画的制作。

二、实训内容

（1）绘制场景，可以用之前项目中给出的素材进行适当的修改，效果如图 6-125 所示。

（2）制作如图 6-126 所示的"蝴蝶飞舞"动画。（引导动画）

图 6-125　场景效果图

图 6-126　"蝴蝶飞舞"动画效果图

（3）制作如图 6-127 所示的"彩旗飘动"动画。（骨骼动画）

图 6-127 "彩旗飘动"动画

（4）制作如图 6-128 所示的"风铃"3D 变换动画。

（5）制作如图 6-129 所示的"相机镜头"动画。（遮罩动画）

图 6-128 "风铃"3D 变换动画效果图　　图 6-129 "相机镜头"动画效果图

项目 7　多媒体效果动画制作

项目描述

　　本项目主要介绍怎样在 Flash 中导入图片、声音、视频，以及按钮元件的使用，动画的导出、发布等内容，并且还会特别指出导出 swf 格式及 avi 格式时的不同特点。

项目目标

　　通过本项目的学习，读者应该掌握导入图片、声音、视频的方法及元件的使用，动画导出、发布等内容，并且可以运用这些知识制作一个完整的多媒体项目动画。

任务 1　"电子相册"的制作

一、任务说明
本任务主要带领读者掌握图片导入的方法，以及如何用这些图片做出动态效果。

二、任务实施
1. 导入图片

（1）新建 Flash 文件，保存文件为"电子相册.fla"。打开教材配套光盘"素材与实例/项目 7/动画素材/电子相册/背景.fla"，在图层的帧上单击鼠标右键选择"复制帧"命令，回到"电子相册.fla"文件在图层上单击"粘贴帧"命令，如图 7-1 所示。

图 7-1　粘贴帧后的背景

（2）打开教材配套光盘"素材与实例/项目 7/动画素材/电子相册/相纸.fla"，框选所有内容，按 Ctrl+C 快捷键复制，然后回到"电子相册.fla"文件，新建图层按 Ctrl+V 快捷键粘贴。调整"相纸"的位置。选中"夹子"按 Ctrl+X 快捷键剪切，然后新建一层按 Ctrl+Shift+V 快捷键原位粘贴。最后效果如图 7-2 所示。

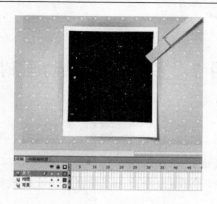

图 7-2　相纸贴入后的效果

 提 示

　　粘贴帧和普通的复制粘贴是有区别的，粘贴帧可以忠实还原被复制物体的图层，而普通的复制粘贴不管原来分了多少层粘贴出来都是一层。粘贴帧可以保证粘贴的位置和原来的位置保持一致，而普通的粘贴（不包括原位粘贴）则无法保证。复制多个帧并且帧中带有补间动画等动画效果时，粘贴的帧中同样能保留这些动画。普通的复制粘贴则没有这个功能。

　　（3）在"相册"图层上面新建一层"照片"图层。按 Ctrl+F8 快捷键创建一个新的图形元件"照片"，如图 7-3 所示。

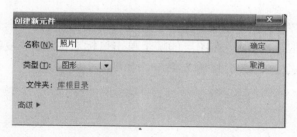

图 7-3　创建图形元件

　　（4）选择"文件"→"导入"→"导入到舞台"命令或按快捷键 Ctrl+R，如图 7-4 所示。

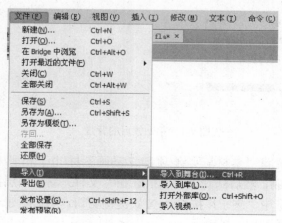

图 7-4　导入图片

选择素材文件"my december01.jpg",此时只要
图片是按序列命名的,就会出现提示框,单击
"是"按钮,如图 7-5 所示。然后所有序列图片都
会一起导入到图层,并且每张图占用 1 帧,如图
7-6 所示。

图 7-5　序列图片导入提示框

图 7-6　图片导入图层

(5)单击左上角的"场景 1"回到主场景,
如图 7-7 所示。按 Ctrl+L 快捷键打开库,找到"照
片"元件,把它拖入主场景。按 Q 键选择"任意
变形工具",按住 Alt+Shift 快捷键等比例缩小到
适当的大小,如图 7-8 所示。

图 7-7　单击场景 1

图 7-8　把"照片"元件放入主场景

2．制作图片预览动画

(1)双击"照片"元件进入到元件内,新建 7
个图层,用鼠标左键单击第 2 帧,并且按住不放,
拖动到"图层 2"第 1 帧上。用同样的方法把第 3
帧拖动到"图层 3"第 1 帧上,第 4 帧拖动到"图
层 4"第 1 帧上,依次类推。最终效果如图 7-9 所示。

(2)单击选择"图层 1"的第 1 帧按 F8 键转
换为图形元件,如图 7-10 所示。其他照片也同样
转换为元件,如图 7-11 所示。

图 7-9　照片图层分布

图 7-10　照片转换为元件

| photo1 |
| photo2 |
| photo3 |
| photo4 |
| photo5 |
| photo6 |
| photo7 |
| photo8 |

图 7-11　元件命名

　　（3）隐藏除了"图层 1"之外的图层，如图 7-12 所示，按 F5 键延续帧。按 Q 键使用"任意变形工具"，把中心点调整到右边边框上，如图 7-13 所示。在第 45 帧的位置按 F6 键插入关键帧。然后回到第 1 帧，仍然保持在"任意变形工具"状态下，把鼠标放在变形框左边中间的控制点上，按住鼠标不放拖动到与右边边框重合，如图 7-14 所示。在"属性"面板中的"色彩效果"的"亮度"中把数值改为–100，如图 7-15 所示，让图片变成全黑的。在两个关键帧中间单击鼠标右键选择"创建传统补间"命令。

图 7-12　隐藏其他图层

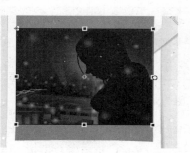

图 7-13　调整中心点

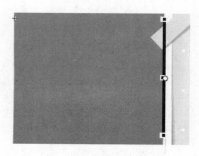

图 7-14　变形

图 7-15　调整亮度

　　（4）取消"图层 2"的隐藏，选中图层中的关键帧，按住鼠标左键不放，把它拖动到第 80 帧的位置。如图 7-16 所示。在第 110 帧按 F6 键创建关键帧。回到第 80 帧的位置，选中"图层 2"上的元件，在"属性"面板中的"色彩效果"的"Alpha"中把数值设为 0，如图 7-17 所示。在两个关键帧中单击鼠标右键选择"创建传统补间"命令。回到"图层 1"中，在第 110 帧的位置按 F7 键设定空白关键帧。

　　（5）在"图层 2"第 170 帧和 180 帧的位置分别按 F6 键插入关键帧，在它们中间"创建传统补间"。在第 180 帧的位置按 Q 键使用"任意变形工具"把图片压扁，如图 7-18 所示。

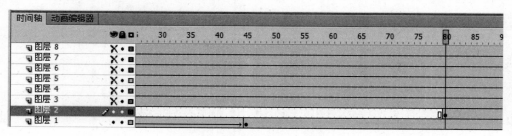

图 7-16　图层 2 关键帧位置

图 7-17　设定透明度

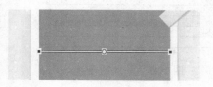

图 7-18　对图片进行变形

然后在"属性"面板中的"色彩效果"的"亮度"中把数值设为 100，如图 7-19 所示。仍然在"属性"面板中，在"色彩效果"的"样式"中选择"高级"，将其"Alpha"设置为 0。最后把元件向左移出相纸框，如图 7-21 所示。

图 7-19　亮度设置

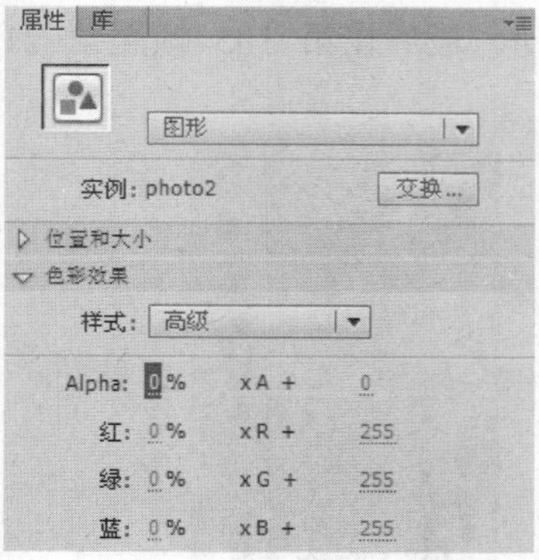

图 7-20　高级设置

（6）取消"图层 3"的隐藏，在第 185 帧的位置按 F6 键创建关键帧，单击第 185 帧前的任意一帧，按 Delete 键删除帧，如图 7-22 所示。按 F5 键延续帧，在第 195、198、201、204、207、209、211 帧分别插入关键帧。然后在"图层 2"第 186 帧的位置按 F7 键设定空白关键帧，如图 7-23 所示。选择"视图"→"标尺"命令调出标尺。从标尺上拖出参考线，把参考线移到图片下方，如图 7-24 所示。

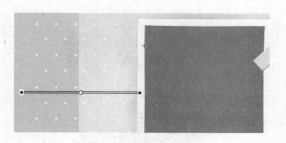

图 7-21　移出相片框

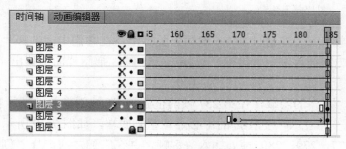

图 7-22　图层 3 设置

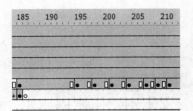

图 7-23　关键帧设置

图 7-24　参考线移到图片下方

（7）选择第 185 帧，把图片向上移出相纸框，如图 7-25 所示。选择第 198 帧，选择"修改"→"变形"→"缩放和旋转"命令，或按快捷键 Ctrl+Alt+S，再设置"旋转"中的数值为 15°，如图 7-26 所示。把图片向上移动，如图 7-27 所示。选择第 204 帧，用同样的方法设定"旋转"数值为–15°，把图片上移，高度比前面略低。在第 209 帧设定"旋转"为 5°，略微向上移动。最后在第 185 帧至第 211 帧中间选择"创建传统补间"。选中第 185 帧至第 195 帧之间的某一帧，在"属性"面板的"补间"选项中的"缓动"设置为–100，如图 7-28 所示。

图 7-25　第 185 帧的状态

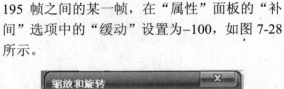

图 7-26　旋转设置

图 7-27　图片向上移动

图 7-28　缓动设置

（8）在第 245 帧和第 255 帧上按 F6 键插入关键帧，在它们中间选择"创建传统补间"。在第 256 帧上按 F7 键插入空白关键帧，选择第 255 帧，把图片向下移出相片框，如图 7-29 所示。然后按照上一步的方法把缓动设为–100。

（9）取消"图层 4"的隐藏，在第 257 帧的位置按 F6 键创建关键帧，删除前面的部分。按 Q 键使用"任意变形工具"把图片的中心点调整到底端，如图 7-30 所示。分别在第 267、270、273、275、277、279、280 帧处插入关键帧，并在它们之间选择"创建传统补间"。选

图 7-29　图片移出相片框

图 7-30　调整中心点

择第 267 帧，把图像压扁，如图 7-31 所示。然后到第 270 帧的位置把图像拉长，如图 7-32 所示。用同样的方法在第 273 帧和第 277 帧处将其压扁，在第 275 帧和 279 帧处将其拉长，注意运动的幅度要越来越小。继续在第 323 帧和第 330 帧上插入关键帧，并选择"创建传统补间"命令，在第 331 帧上按 F7 键转为空白关键帧。在第 330 帧上把图像压扁成如图 7-31 所示的状态。

图 7-32　把图像拉长

图 7-31　把图像压扁

（10）显示"图层 5"，在"图层 5"上新建一个"引导层"。这两个图层分别在第 331 帧上插入关键帧。删除"图层 5"前面的部分。按 Q 键使用"任意变形工具"选中"图层 5"上的图片，在上面的标尺上按住鼠标左键不放向下拖出一根参考线，放在图片的中心点上，如图 7-33 所示。绘制一条弧形引导线，最低点正好处在参考线位置，如图 7-34 所示。

图 7-33　在图片中心点放置参考线

图 7-34　参考线位置

（11）分别在第 339、347、353、358、362、366、369 处设置关键帧，并在中间选择"创建传统补间"命令。在第 331 帧上对图片进行旋转，并把图片放在路径线右端，如图 7-35 所示。在第 347 帧上同样对图片进行旋转，并放在路径线的左端，如图 7-36 所示。在第 358 帧处对图片进行旋转，并放在路径线右半边三分之二处，在第 366 帧处对图片进行旋转，并放在路径线左半边三分之一处。最后根据运动规律再优化动画效果，在第 331 到 339 帧中间设置"属性"面板中的"补间"缓动值为–100，在第 339 到 347 帧中间设置缓动为 100，在第 347 到 353 帧中间设缓动为–60，在第 353 到 358 帧中间设定缓动为 60，在第 358 到 362 帧中间设定缓动为–30，在第 362 到 366 帧中间设定缓动为 20，在第 366 到 369 中间设定缓动为 –10。

在第 420 和第 425 帧处设置关键帧，选择"创建传统补间"命令。在"图层 5"和"引导层"的第 426 帧上插入空白关键帧。在"图层 5"按住 Alt 键复制第 347 帧到第 425 帧上。

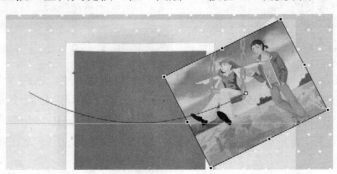

图 7-35　第 331 帧状态

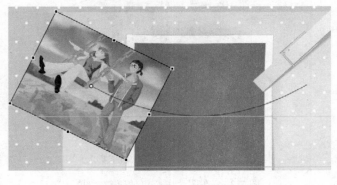

图 7-36　第 347 帧状态

（12）显示"图层 6"，分别在第 426、437、490、500 帧设定关键帧，在第 501 帧设定空白关键帧。删除第 426 帧前面的部分。选择第 426 帧按 Ctrl+Alt+S 快捷键设定"缩放"为 300，"旋转"为 0，如图 7-37 所示。在"属性"面板设定"Alpha"值为 0，如图 7-38 所示。选中第 426 帧，按住 Alt 键复制该帧到第 500 帧上。在第 426 到 437 帧之间选择"创建传统补间"，并且在"属性"面板的"补间"选项中的"旋转"设为顺时针 3 周，如图 7-39 所示。在第 490 到第 500 帧之间选择"创建传统补间"，并且设置"旋转"为逆时针 3 周，如图 7-40 所示。

图 7-37　缩放设置

图 7-38　"Alpha"值设置

图 7-39　设置顺时针旋转 3 周

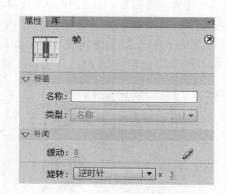

图 7-40　设置逆时针旋转 3 周

（13）显示"图层 7"，在"图层 7"上面新建"遮罩层"，在两层的第 501 帧插入关键帧，删除"图层 7"中第 501 帧前的部分。在"遮罩层"上画一个能够完全覆盖"图层 7"上的图片的圆，如图 7-41 所示。把"遮罩层"第 518 帧设定为关键帧。在第 501 帧上按 Ctrl+Alt+S 快捷键设定"缩放"为 0，如图 7-42 所示。在"遮罩层"第 570 帧上设定空白关键帧，按住 Shift 键绘制一个正方形，按 Ctrl+Alt+S 快捷键给正方形设置"旋转"45°，如图 7-43 所示。

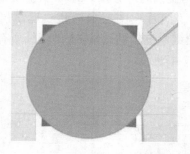

图 7-41　遮罩层上的圆

图 7-42　调整缩放设置

调整菱形大小，让它能够遮住"图层 7"的图片。在第 593 帧处插入关键帧，在第 593 帧上把菱形缩小为 0。在第 501 帧至 518 帧和第 570 帧至 593 帧这两段关键帧之间选择"创建形状补间"命令。把"图层 7"和"遮罩层"的第 594 帧设为空白关键帧。

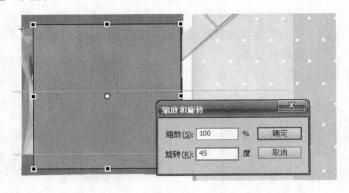

图 7-43　旋转正方形

　　（14）显示"图层 8"，调整图层位置，把它放在"图层 7"下面。在第 570 帧的位置设置关键帧，删除前面部分。在第 650 帧处设定关键帧，按 Q 键使用"任意变形工具"把中心点调整到元件左边边线，如图 7-44 所示。在第 665 帧处设置关键帧，在第 666 帧处设定空白关键帧。在第 665 帧上把图像向左压扁，如图 7-45 所示。在"属性"面板中设置"亮度"为 100，如图 7-46 所示。最后在第 650 至第 665 帧之间选择"创建传统补间"命令。

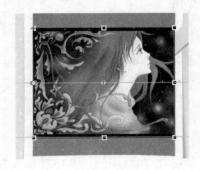

图 7-44　调整中心点

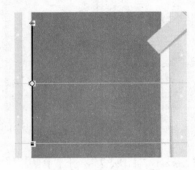

图 7-45　向左压扁图片

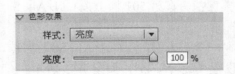

图 7-46　图片亮度设定

　　（15）返回到主场景，双击进入"相册"图层的"相纸"中，选择中间蓝色的部分按 Ctrl+C 快捷键复制。再回到主场景，在"照片"图层上新建"遮罩层"并按 Ctrl+Shift+V 快捷键原位粘贴。按 F5 键延续所有图层到第 666 帧，如图 7-47 所示。

图 7-47　最终的图层效果

三、课外作业

运用学过的知识，再做出 4 种图片切换的方式。

任务 2　"可控电视机"的制作

一、任务说明

本任务主要带领读者掌握视频的导入、视频控制按钮的制作及简单的播放、暂停、停止命令的设定。

二、任务实施

1. 绘制按钮

（1）新建 Flash 文件，保存文件为"可控电视机.fla"。打开教材配套光盘"素材与实例/项目 7/动画素材/可控电视机/电视机.fla"，按快捷键 Ctrl+C 复制电视机，回到"可控电视机.fla"文件，按快捷键 Ctrl+V 粘贴，并调整电视机的位置和大小，如图 7-48 所示。

（2）打开教材配套光盘"素材与实例/项目 7/动画素材/可控电视机/背景.fla"。把背景内容粘贴到"电视机"图层的下面，如图 7-49 所示。

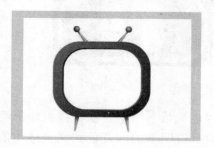

图 7-48　调整电视机的位置和大小

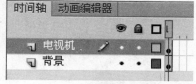

图 7-49　背景图层位置

（3）打开教材配套光盘"素材与实例/项目 7/动画素材/可控电视机/云.fla"，复制所有云，回到"可控电视机.fla"文件，在"背景层"上新建一层，把云粘贴进去，调整大小，如图 7-50 所示。

（4）在"电视机"图层上面新建一个"按钮"图层。用矩形工具▢绘制一个矩形，鼠标左键按住不放同时按向下方向键"↓"调整矩形的圆角，如图 7-51 所示。按 Ctrl+G 快捷键进行组合，按快捷键 Ctrl+C 复制，并按快捷键 Ctrl+Shift+V 原位粘贴。使用 Ctrl+Alt+S 快捷键，设置"缩放"为 90%。然后用蓝色渐变给复制出

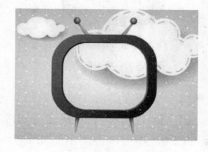

图 7-50　拼接完成后效果

来的图形灌色，如图 7-52 所示。选择"多角星形工具"▣，单击"属性"面板中"工具设置"里的"选项"按钮，在弹出的"工具设置"对话框中把边数设为 3，如图 7-53 所示。按住 Shift 键拖出一个三角形。我们可以使用"直线工具"绘制直线并使用"选择工具"进行调整，在三角形的 3 个角上做出 3 个圆角，如图 7-54 所示。最后给圆角三角形灌上80%透明度的白色，删除边线，按 Ctrl+G 快捷键进行组合。最终效果如图 7-55 所示。

（5）复制"播放"按钮除了三角形之外的部分，绘制出"暂停"按钮，如图 7-56 所示。

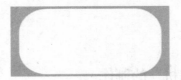

图 7-51　绘制圆角矩形

图 7-52　为圆角矩形填充渐变色

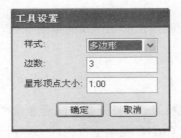

图 7-53　三角形设置

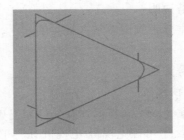

图 7-54　给正三角形做出圆角

图 7-55　按钮效果

图 7-56　暂停按钮

图 7-57　最终效果图

（6）回到"电视机"图层，在电视机底部绘制一个椭圆。填充 60%透明度的深蓝色到完全透明的深蓝色的径向渐变。把这个作为电视机的投影。最后效果如图 7-57 所示。

2．导入视频

（1）在"电视机"图层下面新建一图层，取名为"视频"。选择"文件"→"导入"→"导入视频"命令，如图 7-58 所示。选择教材配套光盘"素材与实例/项目 7/动画素材/可控电视机/my december.avi"文件，此时 Flash会弹出一个警告提示，如图 7-59 所示。这里要注意，导入视频的时候虽然大多数格式都能显示，但实际上 Flash Player 支持的视频格式是 FLV 格式和 F4V 格式。如果安装的是完整版的Flash CS6，那可以在弹出的如图 7-60 所示的"导入视频"对话框中单击"启动 Adobe Media Encoder"按钮，进入"Adobe Media Encoder"操作界面后执行转换，转换结束后关闭程序窗口，回到 Flash 重新选择转换完的视频文件就可以了。如果安装的是简化版的 Flash CS6，那可以直接选择素材文件中的"my december.flv"。

图 7-58　视频导入命令

（2）在"导入视频"对话框中，选择"使用播放组件加载外部视频"实际上就是"渐进式"的视频导入方式。而选择"在 SWF 中嵌入 FLV 并在时间轴中播放"实际上就是"嵌入式"的视频导入方式。另外还可以选择 URL 来嵌入 Web 服务器上的视频。在这里点选"使用播放组件加载外部视频"项，如图 7-60 所示。单击"下一步"按钮。

图 7-59　警告提示

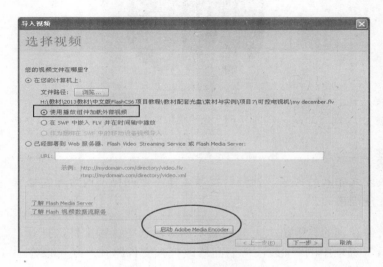

图 7-60　"导入视频"对话框

 提 示

Flash 视频分为嵌入式和渐进式，前者全部下载完后播放。后者采用流方式播放，而且具有更多的控制属性。嵌入式的视频导入方法容易出现声画不同步。

（3）接下来可以给视频设定外观，在"外观"下拉菜单中选择"无"，如图 7-61 所示。选其他选项可以给视频一个预定义的外观，该外观文件会自动保存在 Flash 文档所在的文件夹。还可以通过 URL 的设定来指定一个 Web 服务器上的外观。单击"下一步"按钮，然后

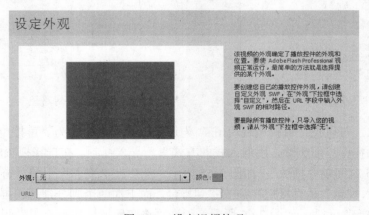

图 7-61　设定视频外观

单击"完成"按钮。

（4）此时我们发现视频框已经出现在舞台上了。按 Q 键选择"任意变形工具"，然后按住 Shift+Alt 键等比例缩放视频，调整到与电视机画面框相适合的大小，如图 7-62 所示。

图 7-62　调整视频框大小

　　用渐进式方式导入的视频，外部的视频文件不能删掉，因为每次播放视频时都是从外部的视频文件调用的。

（5）如果文件在别的计算机上无法播放，则可以选中视频文件，打开"属性"面板，然后在"组件参数"选项中的"source"后面修改视频文件路径。还可以在"volume"里面设置视频的音量，在"skin"里给视频设定控制器等，如图 7-63 所示。当然，如果不想每次都

这么麻烦重新设置路径，这里建议读者把视频文件"my december.flv"复制到"可控电视机.fla"同一个文件夹内，并单击路径在弹出的如图 7-64 所示的"内容路径"对话框中直接把路径改成"my december.flv"。这样每次换计算机播放只需要把视频文件和源文件放在同一个文件夹内就可以了。

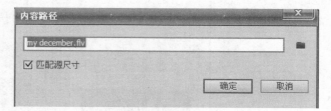

图 7-63　视频属性　　　　　　　　　　图 7-64　设置相对路径

（6）接下来，可以把"可控电视机.fla"先进行保存，再另存为"可控电视机 2.fla"，然后把导入的视频在库里面删除，用嵌入式的方式重新导入视频。在选择视频时采用"在 SWF 中嵌入 FLV 并在时间轴中播放"，如图 7-65 所示。然后在"嵌入"中的"符号类型"中选择一个类型。"嵌入视频"是直接把视频放置到舞台，而下面两个则分别把视屏转换为"影片剪辑"元件和"图形"元件，如图 7-66 所示。勾选"将实例放置在舞台上"则视频直接置入舞

台，不勾选则进入库内保存。第二个选项则是根据视频的长度来自动延长时间轴，嵌入的视频必须有足够长的时间轴来让它进行播放。最后一个选项则是控制要不要原来视频里的声音，如图 7-67 所示。我们可以发现这样导入的视频 Flash 文件及导出的 swf 文件都很大，因为视频是嵌入到文件中的，原来作为素材用的视频文件可以删除。

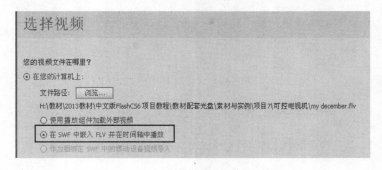

图 7-65　用嵌入式方法导入视频

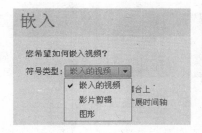

图 7-66　符号类型设置

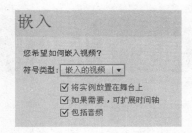

图 7-67　其他嵌入视频选项

3．视频按钮控制

（1）重新打开"可控电视机.fla"，分别把"播放按钮"和"暂停按钮"按 F8 键转换成"按钮元件"。如图 7-68 和图 7-69 所示。

图 7-68　设定播放按钮

（2）双击进入"播放按钮"。按 F6 键把每个状态都设定关键帧，如图 7-70 所示。移到第 2 帧的位置，把播放按钮中间的三角改成黄色，如图 7-71 所示。移到第 3 帧的位置，把中间三角形改成浅蓝色。全选播放按钮按 Ctrl+Alt+S 快捷键，将按钮缩放 90%，如图 7-72 所示。用同样的方法设定"暂停按钮"。

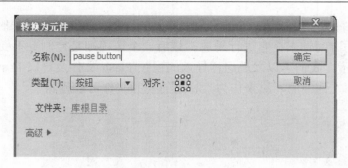

图 7-69　设定暂停按钮

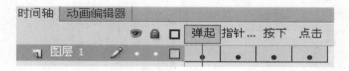

图 7-70　按钮关键帧

图 7-71　指针滑过状态　　　　　　图 7-72　按钮按下状态

（3）选择视频，在"属性"面板中的"实例名称"栏里输入"my_dec"，如图 7-73 所示。
这个名称在命名规则范围内可以自己取。然后选择"播放"
按钮，设定实例名称为"my_play"。选择"暂停按钮"，设定
实例名称为"my_pause"。

（4）选中"播放按钮"，在窗口中打开"代码片断"和"动
作"面板。在"代码片断"中找到"音频和视频"，然后双击
其中的"单击以播放视频"，如图 7-74 所示。然后在"动作"
面板找到"video_instance_name"这一段，把该段名称改成
视频的实例名称"my_dec"，如图 7-75 所示。

图 7-73　视频实例名称　　　　　　　图 7-74　播放按钮代码片断

（5）选中"暂停按钮"，在"代码片断"中双击"单击以暂停视频"。选中"Actions"图
层中的帧，打开"动作"面板找到"video_instance_name"这一段，把该段名称改成视频的

实例名称"my_dec"，如图 7-76 所示。

```
1
2  /* 单击以播放视频（需要 FLVPlayback 组件）
3  单击此元件实例会在指定的 FLVPlayback 组件实例中播放视频。
4
5  说明：
6  1. 用您要播放视频的 FLVPlayback 组件的实例名称替换以下 video_instance_name。
7  舞台上指定的 FLVPlayback 视频组件实例将播放。
8  2. 确保您已在 FLVPlayback 组件实例的属性中分配了视频源文件。
9  */
10
11 my_play.addEventListener(MouseEvent.CLICK, fl_ClickToPlayVideo_2);
12
13 function fl_ClickToPlayVideo_2(event:MouseEvent):void
14 {
15     // 用此视频组件的实例名称替换 video_instance_name
16     my_dec.play();
17 }
18
```

图 7-75　播放按钮动作面板设置

```
17 /* 单击以暂停视频（需要 FLVPlayback 组件）
18 单击此元件实例会在指定的 FLVPlayback 组件实例中暂停视频。
19
20 说明：
21 1. 用您要暂停的 FLVPlayback 组件的实例名称替换以下 video_instance_name。
22 */
23
24 my_pause.addEventListener(MouseEvent.CLICK, fl_ClickToPauseVideo);
25
26 function fl_ClickToPauseVideo(event:MouseEvent):void
27 {
28     // 用此视频组件的实例名称替换 video_instance_name
29     my_dec.pause();
30 }
```

图 7-76　暂停按钮动作面板设置

提 示

也可以新建一个动作图层来插入暂停命令。

（6）最后按 Ctrl+Enter 快捷键测试影片。可以发现在开始的时候视频来不及加载会出现消失的状态。为了让这个问题不要太突兀，可以在"视频"图层下面再建一个"黑屏"图层，按照电视机内框的大小画一个黑色填充框。

三、课外作业

在导入视频的时候选择输入 URL 的方法来嵌入 Web 服务器上的视频完成相应的操作。

任务 3　"电子邀请卡"的制作

一、任务说明

本任务主要带领读者运用之前学过的动画制作知识来做一些动态效果，并且掌握音频的导入及音频的简单设置。最终完成一个毕业展的电子邀请卡。

二、任务实施

1. 制作动画

（1）新建 Flash 文件，保存为"电子邀请卡.fla"。打开教材配套光盘"素材与实例/项目7/动画素材/电子邀请卡/背景.fla"，在图层的帧上单击鼠标右键选择"复制帧"命令，回到"电

图 7-77　云的大小及放置位置

子邀请卡.fla"文件,在图层上单击"粘贴帧"命令。打开教材配套光盘"素材与实例/项目 7/动画素材/电子邀请卡/云和雨.fla"文件,选中两朵云进行复制。回到"电子邀请卡.fla"文件,新建图层进行粘贴。调整两朵云的位置和大小,如图 7-77 所示。

(2)在"云"图层下面新建"雨滴"图层。复制素材文件"云和雨.fla"中的雨滴到该图层。选中雨滴按 F8 键转换为图形元件,如图 7-78 所示。

图 7-78　把雨滴转换为图形元件

(3)进入元件,选择"雨滴"再次按 F8 键把它转换为元件。按住 Ctrl+Alt 键拖移复制"雨滴"元件,全部选中这些雨滴,如图 7-79 所示。单击右键选择"分散到图层"如图 7-80 所示。

图 7-79　复制雨滴元件

图 7-80　分散到图层

(4)在第 20 帧处给所有图层插入关键帧,第 21 帧插入空白关键帧,在第 1 到第 20 帧之间选择"创建传统补间",如图 7-81 所示。在第 20 帧的位置把所有雨滴都移出画面,如图 7-82 所示。

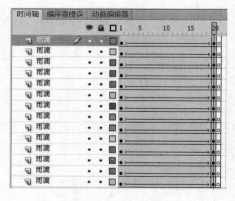

图 7-81　雨滴动画设置

图 7-82　第 20 帧雨滴状态

(5)选中倒数第二个图层,向后拖动帧,使其在前面空出 4 帧,如图 7-83 所示。其他图层也一样向后移，注意可以稍微错开图层，如图 7-84 所示。

图 7-83　移动帧

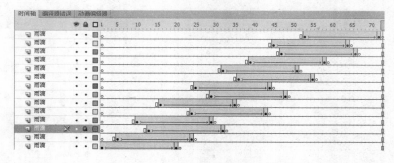

7-84　各图层帧的排列

（6）回到主场景，按 F5 键延续帧，然后在"雨滴"图层第 74 帧的位置按 F7 键插入空白关键帧。选中"云"图层所有组件，按 F8 键转换为图形元件，取名为"云"。在云图层第 74 帧插入关键帧，在中间选择"创建传统补间"，在第 75 帧创建空白关键帧，如图 7-85 所示。在第 74 帧把云向右移出画面，如图 7-86 所示。

图 7-85　云时间轴设置

（7）新建图层"花"。在第 25 帧的位置插入关键帧。打开教材配套光盘"素材与实例/项目 7/动画素材/电子邀请卡/开花.fla"，全选所有元件并复制，然后回到"电子邀请卡.fla"文件，粘贴到"花"图层第 25 帧，如图 7-87 和图 7-88 所示。选中所有花的元件，在"属性"面板的"循环"下的"选项"中设置为"播放一次"。

图 7-86　"云"图层第 74 帧状态

（8）新建图层"文字层"，用"文本工具" T 输入文字内容"多年的耕耘终于开花"。选中文字后在"属性"面板调整文字字体、字号和字间距等，如图 7-89 所示。连续按两次 Ctrl+B 快捷键分离文字，然后按 F8 键把文字转换为影片剪辑元件"文字 1"，如图 7-90 所示。在"属性"面板的"滤镜"中添加发光效果，"品质"设为高，"颜色"设为深蓝色，如图 7-91 所示。

图 7-87　"花"图层

图 7-88　"花"的位置

图 7-89　文字属性

图 7-90　文字转换为元件

图 7-91　文字发光效果

 提　示

如果要放在其他计算机上观看，为了解决字体缺失问题需要把文字分离打散。但是我们可以把文字不打散的状态另存为一个文件保存留档。

（9）在"文字层"图层第 90 帧的位置插入关键帧，调整第 1 帧和第 90 帧时的文字位置，如图 7-92 和图 7-93 所示。在中间选择"创建传统动画"。在第 15 帧和第 75 帧分别插入关键帧。第 1 帧和第 90 帧时选中文字元件，在"属性"面板设置"Alpha"值为 0。

图 7-92　文字第 1 帧位置

图 7-93　文字第 90 帧位置

（10）在"文字层"图层下面新建"鸟飞行"图层，在第 91 帧的位置插入关键帧。打开教材配套光盘"素材与实例/项目 7/动画素材/电子邀请卡/飞行的鸟.fla"文件，复制其中的"鸟飞翔"元件，回到"电子邀请卡.fla"文件，粘贴到"鸟飞行"图层的第 91 帧位置，调整元件大小，如图 7-94 所示。

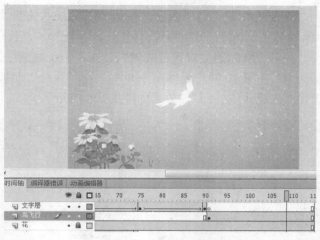

图 7-94　鸟元件的位置

（11）选中"鸟飞翔"元件，按 F8 键转换为图形元件，名字设为"群鸟飞行"。进入元件编辑模式，新建 3 个引导层，分别绘制不同的路径线。然后再新建两个图层，把"鸟飞翔"元件复制进去。调整图层的位置，使每个"引导层"对应引导一个"鸟"的图层。如图 7-95 所示。调整元件的大小，使鸟的大小有所变化。在第 1 帧处把它们放在引导线起始处，如图 7-96 所示。在第 70 帧设置关键帧，把"鸟飞翔"元件移到路径线末尾，如图 7-97 所示。最后错开图层，如图 7-98 所示。回到主场景，按 F5 键延续帧，在"鸟飞行"图层，拖动时间线，在鸟全部飞出画面后按 F7 键插入空白关键帧。

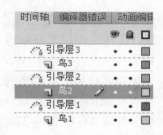

图 7-95　鸟飞行图层设置

图 7-96　鸟在第 1 帧处的位置

图 7-97　鸟在第 70 帧处的位置

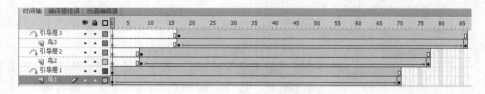

图 7-98　错开图层

（12）在"文字层"图层的第 91 帧的位置输入文字"承着梦想向天空翱翔"，并将其转换为影片剪辑元件，取名为"文字 2"。其文字变化的动画制作方法与第 8、第 9 步操作相同，文字位置如图 7-99 所示。

（13）在"鸟飞行"图层上新建"邀"图层，在第 181 帧插入关键帧，按 Ctrl+R 快捷键导入教材配套光盘"素材与实例/项目 7/动画素材/电子邀请卡"中的素材文件"邀.png"。按 F8 键转换为图形元件。在第 190 帧的位置设定关键帧。在第 181 帧选中元件，在"属性"面板中设定"Alpha"值为 0。在第 90 帧将元件缩小 80%，在"属性"面板中设定"Alpha"值为 35，在中间部分选择"创建传统补间"，效果如图 7-100 所示。

图 7-99　文字位置　　　　　　　　　　图 7-100　"邀"字位置

（14）在"文字层"上面新建"文字层 2"图层，在第 200 帧的位置分别给两层设定关键帧。在两个图层上分别写上文字"恳请您莅临参观指导"和"见证我们努力的成果"。文字的属性与第 8 步相同。文字位置如图 7-101 所示。然后分别在第 260 帧和第 270 帧的位置设定关键帧。在第 200 帧的位置把上面一段文字略微向左移动，下面一段文字略微向右移动。在第 270 帧的位置把上面一段文字向右移出画面，下面一段文字向左移出画面，如图 7-102 所示。在第 200 帧到第 270 帧之间选择"创建传统补间"。在两个图层的第 215 帧的位置加上关键帧。分别选中第 200 帧和第 270 帧的文字元件，在"属性"面板中设置"Alpha"值为 0。

图 7-101　文字位置　　　　　　　　图 7-102　文字第 270 帧位置

图 7-103　邀请文效果

（15）在"花"图层下面新建"邀请文"图层，在第 275 帧位置插入关键帧。打开教材配套光盘"素材与实例/项目 7/动画素材/电子邀请卡/邀请文.fla"文件，复制所有组件，回到"电子邀请卡.fla"文件，把邀请文粘贴在刚才设置的关键帧上。按 F8 键转换为图形元件"邀请函"，并调整大小和位置，如图 7-103 所示。对邀请文里的内容我们可以根据实际情况进行修改。在"邀请文"图层第 290 帧处插入关键帧，在第 275 帧的位置选中元件，在"属性"面板中设置"Alpha"值为 0，单击右键选择"创建传统补间"。

2. 导入并设置音频

（1）按 F5 键延续所有图层到 300 帧的位置。在最上面一层新建"声音"图层。执行"文件"→"导入"→"导入到库"命令，选择教材配套光盘"素材与实例/项目 7/动画素材/电子邀请卡"中的素材文件"背景音乐.wav"，将其导入到库。

提 示

Flash 支持的声音文件类型有 WAV、MP3、AIFF、ASND 等，我们最常用的是 WAV 格式。

（2）单击"声音"图层的时间轴，打开"属性"面板，在"声音"选项中选择"名称"为"背景音乐.wav"。选择"同步"中的"事件"，"重复"设为 1，如图 7-104 所示。

图 7-104 声音属性设置

提 示

"事件"会将声音和一个事件的发生过程同步，事件声音从关键帧开始播放，并独立于时间轴完整播放。"开始"与"事件"相似，但是如果声音已经在播放了，则新的声音实例不会播放。"停止"是将选定的声音设置为静音。"数据流"音频随着 SWF 文件停止而停止，音频流的播放时间不会比帧的播放时间长。

（3）新建一个"命令"图层，在第 300 帧的位置设定关键帧。打开"动作"面板，输入命令"stop();"，如图 7-105 所示。这个命令可以保证时间轴内容播放完后自动停止，但是由于声音设置的是"事件"，所以要等到音乐播放完以后才会停止。

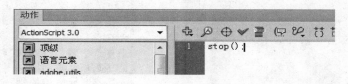

图 7-105 停止命令

任务 4 毕业展宣传动画的制作

一、任务说明

本任务主要带领读者把之前所做的 3 个项目合并起来，通过添加一些新的内容来完善整个项目，最终做一个完整的毕业展宣传动画。

二、任务实施

1. 制作进入动画

（1）新建一个类型为"ActionScript3.0"的 Flash 文件，把宽设为 1024px，高设为 768px，保存为"动画合并.fla"。

（2）按 Ctrl+F8 键新建"影片剪辑"元件，取名为"开场动画"，如图 7-106 所示。打开之前做的"电子邀请卡.fla"文件，Ctrl+Alt+A 快捷键全选所有帧，单击鼠标右键选择"复制帧"命令回到"动画合并.fla"文件的"开场动画"元件，单击鼠标右键选择"粘贴帧"命令。

图 7-106　新建影片剪辑元件

（3）将"命令"图层最后的关键帧移到第 260 帧。并且把所有图层第 260 帧后的帧选中后按 Shift+F5 快捷键删除，如图 7-107 所示。

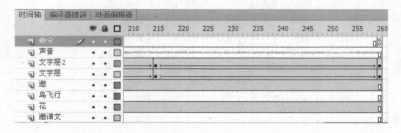

图 7-107　图层设置

（4）回到主场景，将"图层 1"重命名为"动画"，从"库"里找到"开场动画"元件，把元件拖入舞台，如图 7-108 所示。在"动画"层上新建"安全框"图层。用"矩形工具"绘制一个矩形线框，打开"对齐"面板，勾选"与舞台对齐"，单击"匹配大小"和"间隔"下面的"匹配宽和高"▣、"垂直平均间隔"▣、"水平平均间隔"▣按钮，如图 7-109 所示。

图 7-108　把元件拖入舞台

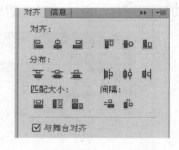

图 7-109　匹配对齐矩形框

（5）按 Ctrl+C 快捷键复制矩形框，按 Ctrl+Shift+V 快捷键原位粘贴。按 Q 键选择"任意变形工具"，然后按住 Alt 键进行缩放，大小尽量贴合"开场动画"元件蓝色底色部分。如图 7-110 所示，在中间灌上白色。当然也可以发挥自己的想象力，给"安全框"进行美化，如图 7-111 所示。

图 7-110　绘制安全框

图 7-111　美化安全框

（6）在"安全框"图层上面新建"按钮"图层。用"文本工具"输入文字内容"点击进入>>>>"，如图 7-112 所示。按 F8 键转换为按钮元件。进入按钮元件，按两次 Ctrl+B 快捷键将文字分离打散，按 F8 键再次把文字转换为影片剪辑元件"点击进入动画"，如图 7-113 所示。

图 7-112　点击进入文字　　　　　　　　　　图 7-113　转换为影片剪辑元件

（7）双击进入影片剪辑元件"点击进入动画"的编辑模式，设置 4 个关键帧，如图 7-114 所示。在第 1 帧给"点击进入"文字后面的第 2 到第 4 个箭头灌上 30%透明度的蓝色，如图 7-115 所示。在第 3 帧给第 1、第 3、第 4 个箭头灌上 30%透明度的蓝色。在第 5 帧给第 1、第 2、第 4 个箭头灌上 30%透明度的蓝色。在第 7 帧给第 1、第 2、第 3 个箭头灌上 30%透明度的蓝色，使箭头产生动态推进效果。

图 7-114　"点击进入动画"元件关键帧设置　　　图 7-115　"点击进入动画"元件第 1 帧

（8）返回按钮元件，按 F6 键在"指针滑过"和"按下"状态中设置关键帧。在"指针滑过"状态中按 Ctrl+B 快捷键打散元件，都设置成 100%透明度的蓝色，按 Ctrl+Alt+S 快捷键，对文字缩放 105%。在"按下"状态中按 Ctrl+B 快捷键打散元件，设置成橙色，如图 7-116 所示。新建一个图层放在底层，绘制一个比文字略大的矩形框，灌上透明的白色。这是为了增加按钮的点击区域，如图 7-117 所示。

（9）回到主场景，选中"点击进入"按钮，在"属性"面板中设置按钮实例的名称为"go_button"。打开"代码片段"面板，找到"时间轴导航"，双击"在此帧处停止"项。如图 7-118 所示。这样就可以在播放第 1 帧后不直接跳到第 2 帧。选中"点击进入"按钮，在

"代码片段"面板，找到"时间轴导航"，双击"单击转到下一帧并停止"项，如图 7-119 所示。

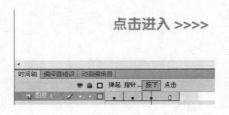

图 7-116　按下状态设置

图 7-117　透明点击区域

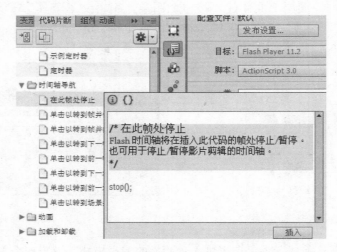

图 7-118　停止命令设置

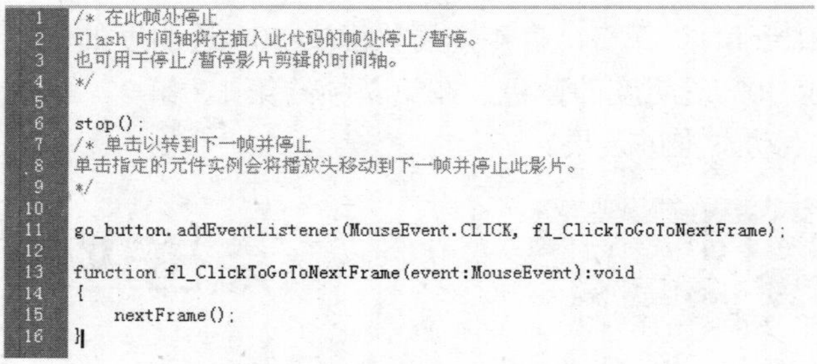

```
1    /* 在此帧处停止
2    Flash 时间轴将在插入此代码的帧处停止/暂停。
3    也可用于停止/暂停影片剪辑的时间轴。
4    */
5
6    stop();
7    /* 单击以转到下一帧并停止
8    单击指定的元件实例会将播放头移动到下一帧并停止此影片。
9    */
10
11   go_button.addEventListener(MouseEvent.CLICK, fl_ClickToGoToNextFrame);
12
13   function fl_ClickToGoToNextFrame(event:MouseEvent):void
14   {
15       nextFrame();
16   }
```

图 7-119　转到下一帧代码

2．制作内部动画

（1）按 Ctrl+F8 快捷键新建"影片剪辑"元件，取名为"内部动画"。打开之前做的"可控电视机.fla"文件，按 Ctrl+Alt+A 快捷键全选所有帧，单击鼠标右键选择"复制帧"命令，回到"动画合并.fla"文件的"内部动画"元件，单击鼠标右键选择"粘贴帧"命令。返回主场景，在所有图层的第 2 帧按 F7 键设置空白关键帧。选择"动画"图层第 2 帧，在"库"里把"内部动画"元件拖入舞台。

（2）双击进入"内部动画"元件，调整背景大小及其他元件的位置大小，如图 7-120 所示。

（3）在"按钮"图层上新建"电子相册"图层。按 Ctrl+F8 快捷键新建"影片剪辑"元件，取名为"电子相册"。打开之前做的"电子相册.fla"文件，全选所有帧，单击鼠标右键选择"复制帧"命令，回到"动画合并.fla"文件的"电子相册"元件，单击鼠标右键选择"粘贴帧"命令。删除"背景"层。返回主场景，再次双击进入"内部动画"元件。打开"库"面板将"电子相册"元件拖入"电子相册"图层，如图 7-121 所示。

图 7-120　调整后的"内部动画"元件　　　　图 7-121　电子相册放入后的效果

（4）选择"电子相册"图层，导入教材配套光盘"素材与实例/项目 7/动画素材/动画合并"中的素材文件"海滩照片.png"和"沙滩图片.png"，调整图片的位置，如图 7-122 所示。选择"铅笔工具"，在"属性"中设置"笔触"为 8，绘制一条曲线连接所有的夹子，并选中线条后选择"修改"→"形状"→"将线条转换为填充"命令，如图 7-123 所示。然后给绳子填充橙色，如图 7-124 所示。

 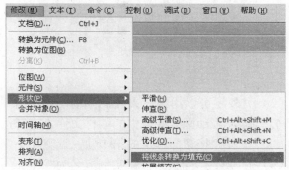

图 7-122　相片排列　　　　　　　　　图 7-123　将线条转换为填充

（5）在"电子相册"图层下面新建"湖水"图层，打开教材配套光盘"素材与实例/项目 7/动画素材/动画合并"中的素材文件"湖水.fla"，复制"湖水"组件后，返回"湖水"图层粘贴，并放置于合适的位置，如图 7-125 所示。

图 7-124　绳子效果　　　　　　　　　图 7-125　放置"湖水"至合适位置

（6）返回主场景在"安全框"图层的第 2 帧，使用"矩形工具"绘制一个矩形线框，打开"对齐"面板，勾选"与舞台对齐"项，单击"匹配大小"和"间隔"下面的"匹配宽和高" 🖴、"垂直平均间隔" 🖴、"水平平均间隔" 🖴 按钮调整。按 Ctrl+C 快捷键复制矩形框，按 Ctrl+Shift+V 快捷键原位粘贴，按 Ctrl+Alt+S 快捷键等比例缩放 150%。在中间灌上白色，如图 7-126 所示。

图 7-126　安全框

（7）在"Actions"图层第 2 帧添加"stop();"命令。

3. 测试调整整体效果

（1）按 Ctrl+Enter 快捷键测试影片，我们发现只要开场动画里的音乐不播放完即使进入内部动画里它还会接着播放，这会影响我们内部动画里视频的播放。要解决这个问题必须新建一个图层"音乐"，在第 2 帧设置关键帧，然后在"属性"面板中选择希望停止的"背景音乐.wav"，如图 7-127 所示。然后在"属性"面板里设置"同步"为"停止"。如图 7-128 所示。

图 7-127　新建声音层

图 7-128　声音停止设置

（2）另外还可以用按钮来控制开场动画的背景音乐。打开教材配套光盘"素材与实例/项目 7/动画素材/动画合并"中的素材文件"声音按钮.fla"，把其中的按钮复制粘贴到"动画合并.fla"文件"按钮"图层的第 1 帧，调整大小，如图 7-129 所示。

（3）在"属性"面板给按钮实例取名为"music_stop"。选中按钮，"在代码片断"面板中选择"单击停止所有声音"项如图 7-130 所示。测试影片，最终导出。

图 7-129　声音控制按钮位置

图 7-130　按钮命令设置

（4）选择"文件"→"发布设置"命令。在"目标"中选择导出的 Flash Player 版本。低版本的 Flash Player 不能播放高版本的内容，但版本过低有些内容则无法被显现。"JPEG 品质"是指 Flash 动画中图片的品质。设置得越高图片相对越清晰，但是相应的文件量也会增加。"音频流"控制的是"同步"设置为"数据流"的声音。"音频事件"控制的是设置为"事件"和"开始"的声音。下面"高级"选项里可以默认。勾选"防止导入"项，然后在下面设置密码，这样导出的 Flash 文件就能防止别人盗用里面的元件。最终设置如图 7-131 所示。

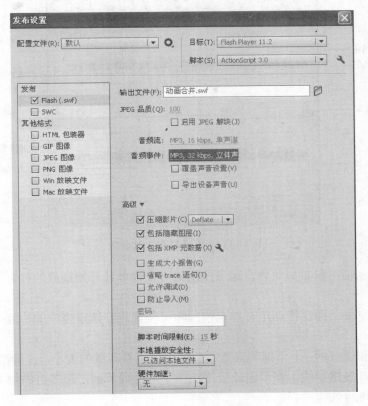

图 7-131　导出 swf 时的设置

　　注意：选中添加声音的关键帧后，还可以通过"属性"面板"效果"下拉菜单为声音选择播放效果，如图 7-132 所示。

　　无：不使用任何声音效果。

　　左声道/右声道：仅使用左声道或者右声道播放声音。

　　向右淡出：声音从右声道到左声道逐渐减小。

　　向左淡出：声音从左声道到右声道逐渐减小。

　　淡入：播放时声音逐渐加大。

　　淡出：播放时声音逐渐减小。

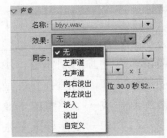

　　自定义：打开"编辑封套"对话框对声音效果进行编辑。

图 7-132　"效果"下拉菜单

　　如果单击"效果"选项后的"编辑"按钮，则将打开"编辑封套"对话框，如图 7-133 所示。"编辑封套"对话框用来设置声音的播放长度、音量等，其分为上下两部分，上面是左声道编辑窗口，下面是右声道编辑窗口。

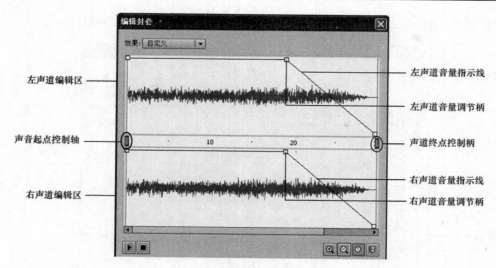

图 7-133 "编辑封套"对话框

声音起点控制轴：向右拖动声音起点控制轴可设置声音开始播放的位置，即可将声音的开始部分去掉。

声音终点控制轴：向左拖动声音终点控制轴可设置声音结束播放的位置，即将声音的尾部去掉。

音量指示线和调节柄：上下拖动音量调节柄可以调整音量的大小，音量指示线位置越高，音量越大；单击音量指示线，在单击处会增加一个音量调节柄，最多可添加 8 个；用鼠标拖动到编辑区外，可将其删除。

"放大"按钮 /"缩小"按钮 ：单击这两个按钮，可以改变对话框中声音长度的显示比例，从而方便编辑声音。

"秒"按钮 /"帧"按钮 ：单击这两个按钮，可以改变对话框中声音显示的长度单位，有"秒"和"帧"两种。

"播放声音"按钮 ：单击该按钮，可以试听编辑后的声音。

"停止声音"按钮 ：单击该按钮，可以停止试听声音。

项目总结

本项目主要通过"电子相册"动画进一步熟悉图片的导入，并掌握图片预览动画的制作方法。通过"可控电视机"动画熟悉视频的导入，以及播放、停止按钮的设置。通过"电子邀请卡"动画的制作进一步熟悉动画的制作方法及音频的导入和控制。毕业展宣传项目动画的制作，即"动画合并"是把前面 3 个任务合并起来，用按钮连接，并且再添加一些特效，最终制作成一个完整的毕业展宣传动画。在制作多媒体效果动画时特别要注意以下几点。

（1）想一次性导入多张图片，一定要把图片的名称编成序列。

（2）导入声音时一定要在"同步"中进行设置，要注意事件、数据流、开始、停止的不同效果。

（3）导入视频时要注意视频的格式及导入的方式。

（4）导出视频时在"导出设置"里一定要把版本、图片和声音质量设定好。

习　　题

1. 选择题

（1）按 Ctrl+R 快捷键导入的序列图片（　　　）。

　　A. 只在库里显示　　　　　　　　　　B. 在时间轴上以帧的方式显示

　　C. 都在图形元件里　　　　　　　　　D. 以上都不对

（2）导入时间轴的声音，如果想要拖动时间轴就能听到，需要把同步设置为（　　　）。

　　A. 数据流　　　　　　B. 事件　　　　　　C. 开始　　　　　　D. 停止

（3）下列不是 Flash 能够导入的音频格式是（　　　）。

　　A. WAV　　　　　　B. MP3　　　　　　C. VOC　　　　　　D. AIFF

（4）在编写按钮跳转命令之前必须（　　　）。

　　A. 给按钮做动画　　　　　　　　　　B. 把按钮转换为影片剪辑元件

　　C. 在"属性"面板写上实例名称　　　　D. 把按钮转换为图形元件

（5）在 Flash 中制作 avi 格式动画必须要注意（　　　）。

　　A. 不能用影片剪辑元件

　　B. 不能用图形元件

　　C. 声音必须用数据流方式

　　D. 在主场景拖动时间轴保持所有动画效果可见

2. 填空题

（1）需要改变导入 Flash 图片的透明度，必须＿＿＿＿＿＿＿＿。

（2）＿＿＿＿＿＿＿＿和＿＿＿＿＿＿＿＿两个命令均可以实现导入视频。

（3）想要在鼠标滑过时让按钮作出跳动动画，需要在按钮元件第 2 帧制作一个包含跳动动画的＿＿＿＿＿＿＿＿元件。

（4）如果在 Flash 文件中采用的是"数据流"声音，则导出时需要在＿＿＿＿＿＿＿＿设置声音的质量。

3. 简答题

（1）简述要把一堆杂乱无章的图片导入 Flash 中，并且让它们每 2 帧播放一张，最后让这堆播放着的照片沿着弧形路径运动的操作步骤。

（2）在第 1～100 帧用"事件"的方式插入了一个 20s 的声音，如果想让声音在第 101 帧的位置停止播放，该如何实现，请列出具体的操作步骤。

（3）简述渐进式导入视频和嵌入式导入视频的区别。

实训　制作电子贺卡

一、实训目的

（1）掌握序列图片的导入及控制方法。

（2）熟悉声音的导入方法与效果的编辑操作。

（3）掌握视频的导入方式。

（4）掌握将制作好的动画文件导出成影片的操作技巧。

二、实训内容

（1）导入几张和节日相关的图片，并做成动画。

（2）写一些和节日相关的字幕，做成动画。

（3）导入一段和图片动画相适应的动画，并在时间轴上播放。

（4）用手机等摄像器材拍摄一段自己讲的祝福语，导入到动画最后。（要求原来的背景音乐停止。视频可以用 Flash 自带的播放器控制）

项目8 "电子简历"制作

项目描述

本项目主要是对之前所学内容的总结和综合运用，以网页的形式，来制作自己的电子简历。其中主要介绍如何用 ActionScript 动作脚本来控制跳转，并包含具体的发布等内容。

项目目标

通过本项目的学习，读者在复习之前所学内容的同时，能对这些知识进行了灵活的运用，并同时掌握简单的 ActionScript 脚本命令。

任务1 简历片头动画制作

一、任务说明

本任务主要带领读者掌握人物的走路、3D 变换，按钮动画的制作，声音与动画的同步，并最终完成简历片头动画的制作。

二、任务实施

1. 制作人物动画

（1）新建 Flash 文件，设置大小为 1024×768，帧频为 24 帧/s，保存文件"简历片头动画.fla"。打开教材配套光盘"素材与实例/项目 8/动画素材/简历片头动画/人物.fla"，复制侧面的人物，到"简历片头动画.fla"中粘贴。打开教材配套光盘"素材与实例/项目 8/动画素材/简历片头动画/主菜单.fla"文件，复制所有内容，回到"简历片头动画.fla"文件中粘贴，和人物放在同一图层，如图 8-1 所示。

（2）选中这两个对象，按 F8 键转换为图形元件，取名为"人物走路动画"。双击进入该元件进行编辑，选中"人物"按 Ctrl+B 键打散，选中"主菜单"，按 Ctrl+↑键和 Ctrl+↓键调整组的上下关系，使其更符合实际，调整后效果如图 8-2 所示。

图 8-1　置入人物侧面及主菜单

图 8-2　人物和主菜单图层关系

（3）按 Ctrl+A 键全选所有组件，单击鼠标右键选择"分散到图层"命令，然后把所有图层里的组件都按 F8 键转换为图形元件。注意命名的规范，如图 8-3 所示。然后按 Q 键使用"任意变形工具"选中每个组件，把中心点都调到关节处或者运动中心上，如图 8-4 所示。

图 8-3　元件命名规范　　　　　　　　　　图 8-4　调整元件中心点

（4）按 F5 键延续所有层的帧，在第 7 帧按 F6 键给所有层加上关键帧。回到第 1 帧，按 Ctrl+Alt+R 键调出标尺，然后给人物头顶、脚底和中心都添加参考线，如图 8-5 所示。然后到第 7 帧的位置，用"任意变形工具"对人物各部分的位置进行调整。人物的中心保持不变，右脚跨出，身体略向前倾，人物整体因为跨步而高度有所降低，如图 8-6 所示。

（5）选中人物第 1 帧，按住 Alt 键对所有图层上的帧进行移动复制，复制到第 14 帧。调整人物腿的前后位置，如图 8-7 所示。

图 8-5　给人物添加参考线　　　图 8-6　人物在第 7 帧的状态　　　图 8-7　人物在第 14 帧的状态

 提　示

　　人物在开始做动画了以后就不能再调整身体单个部分元件的中心点了，否则创建动画的时候容易出错。但是我们可以选中两个或者两个以上的元件一起调整中心点，如把手和手臂选中，一起调整中心点。

（6）选中人物第 7 帧，按住 Alt 键对所有图层上的帧进行移动复制，复制到第 21 帧。调整人物腿的前后位置，如图 8-8 所示。

（7）最后再把第 1 帧所有内容复制到第 28 帧，给所有关键帧之间选择"创建传统补间"

命令。这样走路的动作就可以循环起来了。但是我们注意到第 1 帧和第 28 帧是完全一样的，为了播放起来不会造成停顿，在第 27 帧给所有图层插入关键帧，然后删除第 28 帧。最终时间轴效果如图 8-9 所示。

图 8-8　人物在第 21 帧的状态

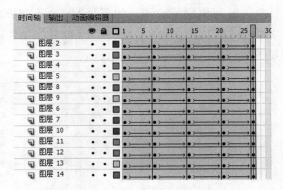

图 8-9　人物走路时间轴

（8）为了效果更加真实，在最下面新建一个图层。绘制一个填充色为 40%透明度的黑色到 0%透明度黑色的径向渐变的椭圆，如图 8-10 所示。然后在第 7 帧设置关键帧，调整投影的大小，如图 8-11 所示。其他的关键帧都可以用这两帧的状态复制。最后在关键帧之间选择"创建传统补间"命令。

图 8-10　人物投影 1

图 8-11　人物投影 2

（9）返回主场景，在第 80 帧设置关键帧。然后在第 1 帧把走路的人物移出场景，如图 8-12 所示。在第 80 帧把人物移到场景三分之一处，如图 8-13 所示。然后再选择"创建传统补间"命令。这样人物走路的效果就完成了。

图 8-12　把人物移出画面

图 8-13　人物第 80 帧位置

（10）选中第 80 帧，按住 Alt 键复制第 80 帧到第 81 帧位置，按 Ctrl+B 键打散。按 F8 键转换为图形元件，取名为"插牌动画"。双击进入元件编辑，选中所有元件，单击鼠标右键选择"分散到图层"命令。选中"眼睛"图层，在第 4 帧插入关键帧，按 Q 键使用"任意变形工具"把眼睛压扁并旋转，如图 8-14 所示。按住 Alt 键复制第 1 帧到第 7 帧。按 F6 键在第 10 帧和 16 帧插入关键帧。按住 Alt 键复制第 4 帧到第 13 帧，然后选择"创建传统补间"命令如图 8-15 所示。

图 8-14　将人物眼睛压扁

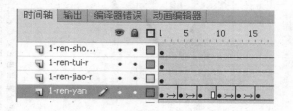

图 8-15　眼睛动画设置

（11）在第 25 帧和第 33 帧的位置给所有图层设定关键帧，在第 33 帧用"任意变形工具"对人物动作进行调整，如图 8-16 所示。注意脚始终是不动的。在第 45 帧和第 50 帧插入关键帧，在第 50 帧用"任意变形工具"调整人物动作，如图 8-17 所示。

图 8-16　人物第 33 帧动作

图 8-17　人物第 50 帧动作

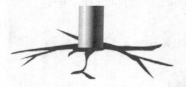

图 8-18　绘制裂缝

（12）新建一个图层放在最底层，在第 50 帧处插入关键帧，绘制地面的裂缝，如图 8-18 所示。在第 52 帧、第 54 帧、第 56 帧分别插入关键帧。用"橡皮擦工具"按钮在第 54 帧处擦除部分裂缝，如图 8-19 所示。在第 52 帧继续擦除更多的裂缝，如图 8-20 所示。在第 50 帧擦除大部分裂缝，如图 8-21 所示。

图 8-19　裂缝第 54 帧状态

图 8-20　裂缝第 52 帧状态

图 8-21　裂缝第 50 帧状态

（13）在第 65 帧和第 73 帧分别插入关键帧。在"主菜单"杆子底下添加参考线，用"任意变形工具"调整人物在第 73 帧的动作，如图 8-22 所示。

（14）在第 79 帧、第 83 帧分别插入关键帧，在第 83 帧用"任意变形工具"调整人物状态，注意人物稍微向下降。在第 84 帧的位置除了"主菜单"、"裂缝"和"投影"这 3 个对象所在的图层以外，在其余图层上按 F7 键插入"空白关键帧"。新建一个图层"ren2"，在第 84 帧插入关键帧。打开教材配套光盘"素材与实例/项目 8/动画素材/简历片头动画/人物.fla"文件，复制人物的正面，回到"简历片头动画.fla"文件，粘贴到第 84 帧位置。把时间线移动到第 83 帧位置，打开"绘图纸外观轮廓"工具，尽量把第 83 帧的状态向第 84 帧上靠近。如图 8-23 和图 8-24 所示。

图 8-22　人物在 73 帧的动作

图 8-23　使用"绘图纸外观轮廓"显示人物
第 83 帧、第 84 帧的效果

图 8-24　人物第 83 帧最终效果

（15）最后在各关键帧之间选择"创建传统补间"命令。回到主场景，按 F5 键延续帧，选中"插牌动画"元件，在"属性"面板的"循环"中设置"选项"为"播放一次"，如图 8-25 所示。

图 8-25　"插牌动画"元件设置

2. 制作圆球菜单动画

（1）新建一图层"菜单"，放在"人物"图层下面，按 F6 键在第 170 帧插入关键帧。打开教材配套光盘"素材与实例/项目 8/动画素材/简历片头动画/圆球菜单.fla"文件，复制左边的圆球后到"简历片头动画.fla"文件中，将圆球放置到第 170 帧的位置，按 F8 键将其转换为图形元件"圆球出现 1"，如图 8-26 所示。

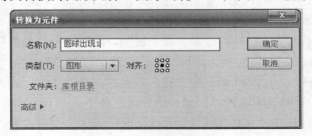

图 8-26　把圆球转换为图形元件

（2）双击进入元件。新建一个图层"椭圆"，放在圆球层下面，绘制一个灰色的椭圆，按 F8 键转换为元件。对齐"圆球"和"椭圆"，如图 8-27 所示。在第 15 帧的位置给两个图层都设置关键帧，删除"圆球"层第 15 帧前面的部分。选中"椭圆"图层的第 1 帧，按 Ctrl+Alt+S 键在"缩放"中设置数值为 0，在第 1 帧至第 15 帧选择"创建传统补间"命令，如图 8-28 所示。在"椭圆"层第 33 帧设置关键帧，按住 Alt 键复制第 1 帧到第 38 帧，在第 33 到第 38 帧之间选择"创建传统补间"命令。在第 39 帧设置空白关键帧。

图 8-27 对齐"圆球"和"椭圆"

图 8-28 设置椭圆第 1 帧状态

（3）在"圆球"图层的第 24 帧设置关键帧。调整第 15 帧时"圆球"的位置，把它放在"椭圆"下面，如图 8-29 所示。在第 24 帧对"圆球"进行向上运动，把"圆球"底部放在"椭圆"的中心，如图 8-30 所示。分别在第 27、29、30 帧插入关键帧。在第 15 帧到第 30 帧之间的关键帧中选择"创建传统补间"命令。在第 24 帧把"圆球"向上移动，在第 27 帧把"圆球"向下运动，在第 29 帧把"圆球"向上运动，但比第 24 帧位置略低。

图 8-29 "圆球"在第 15 帧的位置

图 8-30 "圆球"在第 24 帧的位置

图 8-31 "圆球"关键帧设置

（4）在最上面一层创建"遮罩层"，复制椭圆，并在"遮罩层"原位粘贴。按 Ctrl+B 键打散元件，用"矩形工具"绘制上面部分，要完全遮住"圆球"，如图 8-32 所示。在图层上单击鼠标右键选择"遮罩层"命令。

（5）在"椭圆"图层第 40 帧的位置设置关键帧，绘制一个"椭圆"，填充 60% 到 0% 透明度的黑色径向渐变，按 F8 键转换为图形元件，设置名称为"投影"，如图 8-33 所示。在第 50 帧的位置设置关键帧，在第 40 帧选中"投影"元件，在"属性"面板设置其"Alpha"值为 0，在第 1 帧到第 50 帧之间选择"创建传统补间"命令。

（6）回到主场景，选中"圆球出现 1"元件，在"属性"面板设置"循环"中的"选项"为"播放一次"。在"菜单"图层上面新建图层"菜单 2"、"菜单 3"和"菜单 4"，如图 8-34

所示。选中"菜单"图层里的关键帧按住 Alt 键拖移复制到图层"菜单 2"、"菜单 3"和"菜单 4"中，并错开关键帧的位置，如图 8-35 所示。

图 8-32　遮罩

图 8-33　圆球"投影"

图 8-34　主场景图层面板

图 8-35　关键帧设置

（7）重新排列这些图层上的元件，并且把位于前面的两个圆球放大，如图 8-36 所示。选中前排右边的圆球，在"属性"面板中单击"交换"按钮。在"交换元件"面板中单击"直接复制元件"按钮，设定新的元件名称为"圆球出现 2"，如图 8-37 所示，单击"确定"按钮。用同样的方法把后排左边的圆球交换元件设置名称为"圆球出现 3"，后排右边的圆球交换元件设置名称为"圆球出现 4"。

图 8-36　"圆球菜单"排列

图 8-37　"交换元件"

（8）双击进入"圆球出现 2"元件，选中"圆球"，在"属性"面板"色彩效果"选项中的"样式"选择为"色调"，设置颜色为橙色 50%，如图 8-38 所示。注意圆球每一个关键帧都要设置色调。回到主场景，用同样的方法给"圆球出现 3"、"圆球出现 4"时行设置，最终效果如图 8-39 所示。

3. 加入声音

（1）在"人物"图层上面新建"音效"图层。打开教材配套光盘"素材与实例/项目 8/动画素材/简历片头动画/音

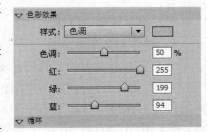

图 8-38　圆球"色调"设置

效.fla"文件，按 Ctrl+L 键打开"库"，选择库里面的所有音频文件，单击鼠标右键选择"复制"命令。回到"简历片头动画.fla"文件，打开"库"，在空白处单击粘贴，这样声音文件就导入到库里了，如图 8-40 所示。

图 8-39 "圆球菜单"颜色

图 8-40 把声音粘贴到库里

图 8-41 声音设置

（2）选中"音效"层第 1 帧，在"属性"面板"声音"选项中的"名称"里选择"走路"声音。并在"同步"中设为"数据流"。在第 80 帧的位置设置关键帧。这里第 1 帧到第 80 帧都是走路的声音，根据需要我们在"重复"中设置数值为 8，如图 8-41 所示。

（3）在第 81 帧设置关键帧，选择声音"眨眼"，用同样的方法进行设定，"重复"设置为 2。在第 94 帧设置空白关键帧。在第 130 帧设置关键帧，选择声音"放下"。在第 146 帧设置空白关键帧。在第 186 帧设置关键帧，选择声音"弹出"，在第 191 帧设置空白关键帧。选择第 186 到 191 帧，按住 Alt 键拖移复制到第 198、第 210、第 226 帧。按 Ctrl+Enter 键测试影片。

三、课外作业

根据实际情况丰富界面内容。

任务 2　简历主页面动画制作

一、任务说明

本任务主要带领读者掌握各种形式的按钮动画的制作、按钮声音的设置及关闭按钮命令的设置。

二、任务实施

1. 制作主菜单栏按钮

（1）打开之前做的"简历片头动画.fla"，选择"文件"→"另存为"命令，文件命名为"简历主页面"。为了使接下来制作的"简历主页面"动画与前面制作的"简历片头动画"之间的位置上保持一致，这里还需要作一些重新的调整。在所有图层最后一帧的位置设置关键帧，按 Crtl+B 键打散元件，并删除"圆球菜单"里的遮罩层。选中"主菜单"元件，按 Crtl+B 键打散。选中"主菜单"元件下面的裂缝，按 Ctrl+G 键组合，并调整上下关系。然后删除所有图层中除最后一帧以外的所有帧，并删除"音效"图层。选中 4 个圆球，按 Ctrl+X 键剪切，然后到"菜单"图层按 Ctrl+Shift+V 键原位粘帖。然后把"主菜单"元件也按 Ctrl+X 键剪切，然后新建一个"主菜单"图层并原位粘帖，最终图层设置如图 8-42 所示。

（2）选择"主菜单"上的"about me"菜单，按 F8 键转换为按钮元件，如图 8-43 所示。把"my animation"、"my arts"、"contact me"也转换为按钮元件。

图 8-42　图层设置　　　　　　　　　　　　　图 8-43　转换为按钮元件

（3）双击进入"about me"元件，在第 2 帧插入关键帧，按 F8 键转换为影片剪辑元件，取名为"am 动画"，双击进入元件，选中后再次按 F8 键转换为影片剪辑元件，取名为"am"。按 F5 键延续帧到第 9 帧，单击鼠标右键选择"创建补间动画"命令。单击鼠标右键勾选"3D 补间"项。把时间线移动到第 5 帧，在"动画编辑器"里设置"旋转 Y"为 30°，如图 8-44 所示。在第 9 帧设置"旋转 Y"为 0。

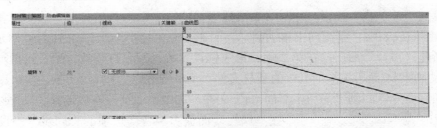

图 8-44　"动画编辑器"里的设置

（4）返回到"about me"按钮元件，复制第 1 帧的内容至第 3 帧，把文字颜色改成柠檬黄，如图 8-45 所示。用同样的方式设置另外 3 个主菜单按钮。

图 8-45　按钮"按下"时的颜色设置

2．制作圆球菜单按钮

（1）返回主场景，选择左下方的圆球及它的阴影，按 F8 键转换为按钮元件"关于我"，如图 8-46 所示。打开教材配套光盘"素材与实例/项目 8/动画素材/简历主页面"中的素材文件"圆球菜单 1.fla"，复制右边的圆球。返回"简历主页面.fla"文件，双击进入"关于我"按钮，把圆球复制到第 2 帧。在图层上单击"将所有图层显示为轮廓"按钮▣，打开"绘图纸外观"工具，调整第 2 帧圆球的大小，如图 8-47 所示。复制第 1 帧的投影，原位粘贴到第 2 帧，把阴影放在圆球下面。

（2）选中第 2 帧里所有的内容，按 F8 键转换为影片剪辑元件"关于我动画"，如图 8-48 所示。双击进入元件，新建图层放在最底层。打上文字"关于我"，如图 8-49 所示。在文字图层的第 8 帧和第 15 帧设定关键帧，在中间选择"创建传统补间"命令。在第 8 帧把文字略微上移。

图 8-46　转换为按钮元件"关于我"

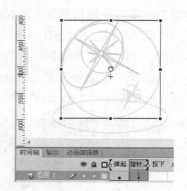

图 8-47　调整第 2 帧圆球的大小

图 8-48　转换为影片剪辑元件"关于我动画"

图 8-49　在圆球中打上文字

（3）返回"关于我"按钮，复制第 2 帧到第 3 帧，按 Ctrl+B 键打散，选中球和文字，按 Ctrl+Alt+S 键缩放 80%，稍微向上移动圆球。阴影部分也缩小 80%，如图 8-50 所示。

（4）新建"声音"图层，在第 2 帧、第 3 帧设置关键帧。打开教材配套光盘"素材与实例/项目 8/动画素材/简历主页面"中的素材文件"菜单音.fla"，选择第 1 帧，单击鼠标右键选择"复制帧"命令，回到"简历主页面.fla"文件，选中第 2 帧，右键选择"粘贴帧"命令，在"属性"面板"声音"选项的"同步"中设置为"事件"，如图 8-51 所示。

图 8-50　按钮第 3 帧状态

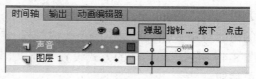

图 8-51　加入按钮声音

（5）用同样的方式制作其他圆球按钮，如图 8-52～图 8-54 所示为"我的动画"按钮、"我的绘图"按钮和"联系我"按钮。

图 8-52　"我的动画"按钮

图 8-53　"我的绘图"按钮

图 8-54　"联系我"按钮

3. 设置按钮命令

（1）打开“窗口”→“公用库”→Buttons 命令，如图 8-55 所示。找到 classic buttons 下面的 Push Buttons/push button-red，如图 8-56 所示。把它拖入舞台，放在页面的右上角。

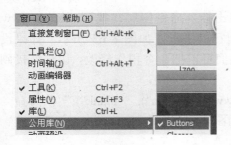

图 8-55 打开按钮库

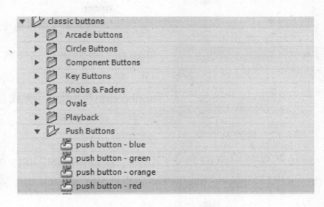

图 8-56 选择库中的按钮

（2）选中刚放入舞台的按钮，在“属性”面板中设置实例名称为 close。双击进入按钮元件，在图层 17 的第 2 帧设置关键帧，打上提示文字“退出”，如图 8-57 所示。返回主场景，打开“代码片断”面板，选择添加“鼠标点击”事件，如图 8-58 所示。删除不需要的注释文字，然后在“(event:MouseEvent):void”后面的“{}”中写上“fscommand("quit");”，如图 8-59 所示。

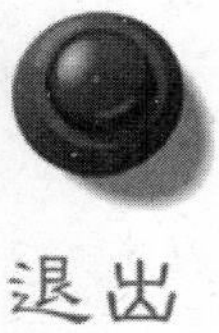

图 8-57 按钮提示

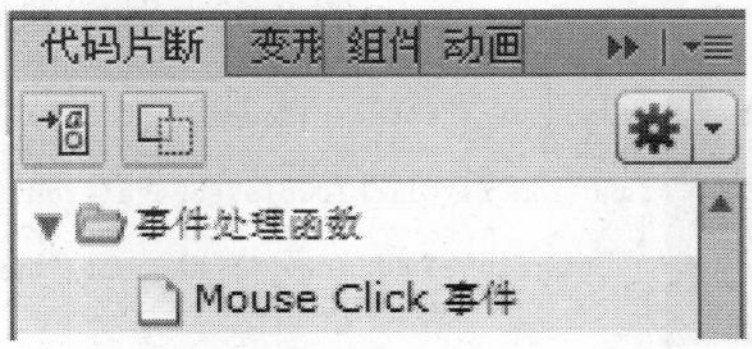

图 8-58 添加“鼠标点击”事件

```
close.addEventListener(MouseEvent.CLICK, fl_MouseClickHandler_2);

function fl_MouseClickHandler_2(event:MouseEvent):void
{
	fscommand("quit");
}
```

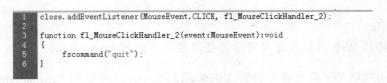

图 8-59 退出按钮命令设置

（3）用同样的方法。找到 classic buttons 下面的 Push Buttons/push button-green，把它拖入舞台，放在页面的左上角。在属性面板里设置实例名称为 full。双击进入按钮元件，在图层 17 的第 2 帧设置关键帧，打上提示文字“全屏”，如图 8-60 所示。返回主场景，打开“代码片断”面板，选择添加“鼠标点击”事件。删除不需要的注释文字，然后在“(event:MouseEvent):void”后面的“{}”中写上“stage.displayState=StageDisplayState.FULL_SCREEN;”，如图 8-61 所示。

图 8-60 按钮提示文字 2

（4）选择“主菜单”上的 contact me 按钮，在“属性”面板设置实例名称为 cm，选中这

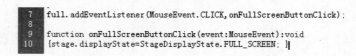

图 8-61　全屏命令

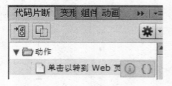

图 8-62　转到 Web 页

个按钮，选择"代码片断"→"动作"→"单击以转到 Web 页"项，如图 8-62 所示，双击插入命令图层。找到"http://www.adobe.com"网址，换成自己的主页，如图 8-63 所示。如果没有主页只有邮箱，那么我们可以把命令稍作修改，让它连接到邮箱。

只需要把原来的命令"(new URLRequest("http://www.szai.com"), "_blank");"改为命令"(new URLRequest("mailto:xxx@xxx.com"),"_self');"如图 8-64 所示

图 8-63　跳转到 URL 命令

```
25  cm.addEventListener(MouseEvent.CLICK, fl_ClickToGoToWebPage);
26
27  function fl_ClickToGoToWebPage(event:MouseEvent):void
28  {
29      navigateToURL(new URLRequest("mailto:123@qq.com"),"_self");
30  }
```

图 8-64　跳转到邮箱命令

提 示

> 页面跳转的 Web 网址必须要写清完整路径，不能把 http:// 省略。

（5）选择圆球菜单"联系我"设置实例名称为"lxw"，设置和"contact me"按钮同样的命令。这样菜单命令就设置好了，其余菜单需要等到后面的页面做好后才能设置。选择"文件"→"发布设置"命令，在打开的"发布设置"对话框的"高级"项中的"本地播放安全性"里选择"只访问网络"项。如果不选这个的话导出的 swf 文件就没办法连接到网页。

三、课外作业

美化主界面的空白处。

任务 3　"我的绘图"页面制作

一、任务说明

本任务主要带领读者复习如何导入序列图片，如何制作按钮，掌握如何设置页面跳转命

令、翻页命令及用键盘翻页命令。

二、任务实施

1. 制作"图片放大"页面

（1）新建文件，设置大小为 1024×768，帧频 24 帧/s，保存文件，名字命名为"我的绘图.fla"。按 Ctrl+R 键打开"导入到舞台"对话框，选择教材配套光盘"素材与实例/项目 8/动画素材/我的绘图"中的素材图片"01.jpg"，在跳出的询问框中选择"是"项，这样图片就导入到舞台了，并且每张图片占用一帧。单击时间轴下面的"编辑多个帧"按钮 ，调整上面的范围，选中所有帧，如图 8-65 所示。按 Q 键使用"任意变形工具"，按住 Alt+Shift 键对图片进行等比例缩放。并按 Ctrl+K 键打开对齐面板勾选"与舞台对齐"选项，单击"水平中对齐"按钮 和"垂直中对齐"按钮 。最终效果如图 8-66 所示。

图 8-65   编辑多个帧   图 8-66   图片大小及位置

（2）再次单击按钮退出"编辑多个帧"状态，将"图层 1"重命名为"图片"，在"图片"层下面新建"背景"图层，使用"矩形工具"绘制矩形框，为矩形框填充灰色，在"对齐"面板中单击"匹配大小"和"间隔"下面的所有按钮，最终图片位置如图 8-67 所示。

（3）在"图片"层上面新建两个按钮图层，选择"窗口"→"公用库"→Buttons 命令，然后在 classic buttons/Circle Buttons 中选择 Circle with arrow 项，如图 8-68 所示。并且把按钮拖入到"按钮 1"图层，放置于图片右方，调整按钮大小。复制该按钮到"按钮 2"图层的第 2 帧，在"按钮 1"图层的第 8 帧插

图 8-67   灰色背景

入"空白关键帧"，如图 8-69 所示。选中复制的按钮，选择"修改"→"变形"→"水平翻转"命令，如图 8-70 所示。最终按钮效果如图 8-71 所示。

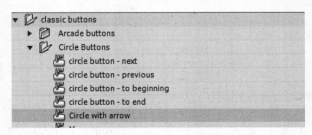

图 8-68   选择"公用库"中的"前进"按钮

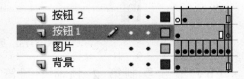

图 8-69   按钮图层设置

图 8-70　水平翻转"前进"按钮　　　　　　　图 8-71　按钮最终位置

（4）选中右边的按钮元件，在"属性"面板中设置实例名称为 nextbtn。选中左边的按钮元件，设置实例名称为 prevbtn。打开"代码片断"，选择"在此帧处停止"项，选中右边的按钮，在"代码片断"中找到"单击以转到下一帧并停止"项，打开"动作"面板，如图 8-72所示。

```
1   /* 在此帧处停止
2   Flash 时间轴将在插入此代码的帧处停止/暂停。
3   也可用于停止/暂停影片剪辑的时间轴。
4   */
5
6   stop();/* 单击以转到下一帧并停止
7   单击指定的元件实例会将播放头移动到下一帧并停止此影片。
8   */
9
10  nextbtn.addEventListener(MouseEvent.CLICK, fl_ClickToGoToNextFrame);
11
12  function fl_ClickToGoToNextFrame(event:MouseEvent):void
13  {
14      nextFrame();
15  }
```

图 8-72　转到下一帧命令

（5）按住 Alt 键复制第 1 帧命令到第 2 帧。按 F9 键打开"动作"面板，删除 function 函数内容。即"function fl_ClickToGoToNextFrame(event:MouseEvent):void{nextFrame();}"。关于跳转的命令在前面已经指定了，所以不需要再重复一遍，如图 8-73 所示。选中左边的按钮，打开"代码片断"选择"单击以转到前一帧并停止"项，代码如图 8-74 所示。

```
1   /* 在此帧处停止
2   Flash 时间轴将在插入此代码的帧处停止/暂停。
3   也可用于停止/暂停影片剪辑的时间轴。
4   */
5
6   stop();/* 单击以转到下一帧并停止
7   单击指定的元件实例会将播放头移动到下一帧并停止此影片。
8   */
9
10  nextbtn.addEventListener(MouseEvent.CLICK, fl_ClickToGoToNextFrame);
11
```

图 8-73　删除重复命令后的代码

（6）继续复制第 2 帧命令到第 3 帧，删除中文提示和"(MouseEvent.CLICK, fl_ClickToGoToPreviousFrame);"后面的代码部分，代码如图 8-75 所示。将命令复制到最后一帧，设置删除"nextbtn"那一行的命令，如图 8-76 所示。中间部分帧可以直接复制第 3 帧中的命令。

```
1  /* 在此帧处停止
2  Flash 时间轴将在插入此代码的帧处停止/暂停。
3  也可用于停止/暂停影片剪辑的时间轴。
4  */
5
6  stop();
7  /* 单击以转到下一帧并停止
8  单击指定的元件实例会将播放头移动到下一帧并停止此影片。
9  */
10
11 nextbtn.addEventListener(MouseEvent.CLICK, fl_ClickToGoToNextFrame);
12
13 /* 单击以转到前一帧并停止
14 单击指定的元件实例会将播放头移动到前一帧并停止此影片。
15 */
16
17 prevbtn.addEventListener(MouseEvent.CLICK, fl_ClickToGoToPreviousFrame);
18
19 function fl_ClickToGoToPreviousFrame(event:MouseEvent):void
20 {
21     prevFrame();
22 }
23
```

图 8-74 添加转到前一帧命令

```
1  stop();
2
3  nextbtn.addEventListener(MouseEvent.CLICK, fl_ClickToGoToNextFrame);
4
5  prevbtn.addEventListener(MouseEvent.CLICK, fl_ClickToGoToPreviousFrame);
```

图 8-75 删除重复部分后的代码

```
1  stop();
2
3  prevbtn.addEventListener(MouseEvent.CLICK, fl_ClickToGoToPreviousFrame);
```

图 8-76 最后一帧代码

（7）接下来要做"我的绘图"的主页面，因此要选中所有图层上的帧，向后挪动一帧，给主页面空出 1 帧，设置后的图层和时间轴面板如图 8-77 所示。

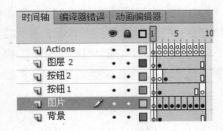

图 8-77 空出 1 帧后的图层和时间轴面板

2. 制作"我的绘图"主页面

（1）打开教材配套光盘"素材与实例/项目 8/动画素材/我的绘图"中的素材文件"相框.fla"，复制"相框"后回到"我的绘图.fla"文件，把"相框"粘贴在"图片"图层。选中"相框"，按 F8 键转换为按钮元件"01 按钮"，如图 8-78 所示。双击进入按钮元件，按

图 8-78 转换为按钮元件

Ctrl+L 键打开"库"面板，把"01.jpg"拖入舞台，缩放后放在相框内，按 Ctrl+↓键把图片调整到后面，如图 8-79 所示。

（2）在按钮第 2 帧设置关键帧。全选所有内容，按 F8 键转换为影片剪辑元件，取名为"01动画"。双击进入"01 动画"元件。选择相框上面的圆钉。按 Ctrl+X 键剪切，在上面新建一个图层，按 Ctrl+Shift+V 键原位粘贴在新建的图层中。选中下面图层里的所有内容，按 F8 键转换为影片剪辑元件，取名为"01 相框"。按 Q 键使用"任意变形工具"设置中心点到圆钉的位置，如图 8-80 所示。

图 8-79　图片放入相框后的效果

图 8-80　相框和图片转换为元件

（3）在第 6、11、16、21 帧处分别插入关键帧。在第 6 帧稍微向左运动，在第 16 帧稍微向右运动。在第 1 帧至第 21 帧之间选择"创建传统补间"命令。在第 20 帧插入关键帧，并删除第 21 帧。最终运动效果如图 8-81 所示。返回"01 按钮"元件，按住 Alt 键复制第 1 帧到第 3 帧，选中相框和图片，按 Ctrl+Alt+S 键设置缩放 90%。

（4）回到主场景，选中"01 按钮"元件，按住 Ctrl+Alt 键对它进行拖移复制，选中复制出的元件，在"属性"面板中选择"交换"按钮。在"交换元件"面板中按"直接复制元件"按钮，元件取名为"02 按钮"。双击进入元件，删除第 1 帧里的图片，把库中的"02.jpg"图片拖入舞台，并调整大小。按住 Alt 键复制第 1 帧到第 2 帧。按 F8 键转换为影片剪辑元件"02动画"。双击进入"02 动画"元件后执行上面步骤"（2）"中同样的操作，把相框和图片转换为影片剪辑元件，取名为"02 相框"，然后用步骤"（3）"的方法制作动画。最后效果如图 8-82所示。

图 8-81　打开"绘图纸外观"后显示的运动轨迹

图 8-82　"02 按钮"效果

（5）使用同样的方法制作其余 6 个按钮，调整按钮大小位置，最终效果如图 8-83 所示。

3. 制作页面连接

（1）打开"动作"面板，在第 1 帧的"Actions"图层输入代码"stop();"如图 8-84 所示。先让主页面停止。新建一个按钮图层"按钮 3"，在第 2 帧插入关键帧。在右上角绘制一个矩形，轮廓线设为黑色，填充 40%透明度的白色，连接对角线。如图 8-85 所示。按 F8 键转换为按钮元件，设置名称为"返回"，在"属性"面板中设置"实例名称"为"back"。双击进入按钮元件，设置第 2 帧的填色为 80%的白色，复制第 1 帧到第 3 帧，并缩小 90%。

图 8-83　照片摆放

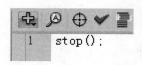

图 8-84　添加 stop 命令

图 8-85　返回按钮

（2）返回主场景，回到第 1 帧，下面做缩略图与大图的连接。选择"01 按钮"，在"属性"面板设置"实例名称"为"p1"，其他按钮的实例名称依次命名。选中"p1"按钮，打开"代码片断"，双击选择"单击转到帧并播放"，进入"动作"面板，在"gotoAndPlay"后面的括号中写上"2"，因为"p1"按钮对应的是图层上的第 2 帧，如图 8-86 所示

```
1  stop();
2
3  p1.addEventListener(MouseEvent.CLICK, fl_ClickToGoToAndPlayFromFrame);
4
5  function fl_ClickToGoToAndPlayFromFrame(event:MouseEvent):void
6  {
7      gotoAndPlay(2);
8  }
9
```

图 8-86　"p1"按钮命令设置

（3）复制上面的命令，把"p1"改成"p2"，"fl_ClickToGoToAndPlayFromFrame"改成"fl_ClickToGoToAndPlayFromFrame2"，"gotoAndPlay(2)"改成"gotoAndPlay(3)"，如图 8-87 所示。然后继续复制命令，参照上面的方法进行修改，一直复制到"p8"按钮命令。

```
10  p2.addEventListener(MouseEvent.CLICK, fl_ClickToGoToAndPlayFromFrame2);
11
12  function fl_ClickToGoToAndPlayFromFrame2(event:MouseEvent):void
13  {
14      gotoAndPlay(3);
15  }
16
```

图 8-87　"p2"按钮命令代码

（4）把时间线移到第 2 帧，选择"返回"按钮。在"代码片断"中双击选择"单击以跳转到帧并播放"，打开"动作"面板，在"gotoAndPlay"后面的括号中写上"1"。如图 8-88 所示。然后把"back.addEventListener(MouseEvent.CLICK, fl_ClickToGoToAndPlayFromFrame_3);"命令复制到后面的每一个命令帧里。按 Ctrl+Enter 键测试影片。

```
16    /*单击以转到帧并播放
17    单击指定的元件实例会将播放头移动到时间轴中的指定帧并继续从该帧回放。
18    可在主时间轴或影片剪辑时间轴上使用。
19
20    说明:
21    1. 单击元件实例时，用希望播放头移动到的帧编号替换以下代码中的数字 5。
22    */
23
24    back.addEventListener(MouseEvent.CLICK, fl_ClickToGoToAndPlayFromFrame_3);
25
26    function fl_ClickToGoToAndPlayFromFrame_3(event:MouseEvent):void
27    {
28        gotoAndPlay(1);
29    }
```

图 8-88　"返回"按钮命令代码设置

任务 4　我的简历制作

一、任务说明

本任务主要带领读者把之前的 3 个项目整合起来，用按钮和命令连接，并且复习如何导入视频，最终把这些页面都连接起来，做成一个完整的电子简历。

二、任务实施

1. 合并片头动画、主页面和我的绘图页面

（1）打开前面做好的"我的绘图.fla"文件，并另存为"我的简历.fla"。选中所有帧，向后移动 2 帧的位置，在所有图层第 2 帧插入关键帧。按 Ctrl+F8 键创建"简历片头动画"的影片剪辑元件，如图 8-89 所示。打开之前做的"简历片头动画.fla"文件，全选所有帧，右键单击"复制帧"。回到新建的"简历片头动画"元件，在图层上单击"粘贴帧"。选择"音效"图层，在"属性"面板把所有声音的"同步"设为"开始"。如果用"数据流"在命令控制时容易出错，如图 8-90 所示。

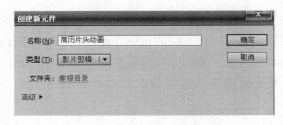

图 8-89　创建"简历片头动画"元件

图 8-90　把"数据流"改为"开始"

（2）返回主场景，打开"库"面板，把"简历片头动画"元件拖入"图片"图层的第 1 帧。打开之前做的文件"简历主页面.fla"，复制除了命令外的所有图层，然后回到"我的简历.fla"，选中"按钮 1"、"图片"、"背景"这 3 层的第 2 帧，右键单击"粘贴帧"。切换到"简历主页面.fla"文件，复制命令层，返回"我的简历.fla"，把命令帧粘贴到"Actions"图层的第 2 帧，如图 8-91 所示。

（3）选择"简历片头动画"，设置"实例名称"为"pt"。我们想要实现当影片剪辑元件"简历片头动画"播放结束后，自动跳转到第 2 帧。选择"Actions"图层第 1 帧，打开"动作"面板。先输入"stop();"命令，然后设置"addFrameScript"命令，如图 8-92 所示。"pt"为片头动画影片剪辑元件的"实例名称"，"pt.totalFrames-1"是指"pt"元件里所有帧数，减去"1"是为了不让影片剪辑元件重复

图 8-91 图层设置

播放。下面的部分就是设置函数，整体命令的意思就是：当"pt"元件播放到最后第 2 帧时，播放主场景时间轴上的第 2 帧。

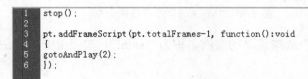

```
stop();

pt.addFrameScript(pt.totalFrames-1, function():void
{
gotoAndPlay(2);
});
```

图 8-92 设置影片剪辑播放完后的跳转

 提 示

"addFrameScript"是一个未公开的 API（预先定义的函数），addFramescript()使用的格式如下：影片剪辑.addFramescript（帧数 1 索引值，函数 1，……）

（4）选择主场景"Actions"图层第 2 帧，打开"动作"面板，在第一行添加"stop();"命令，如图 8-93 所示。

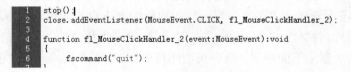

```
stop();
close.addEventListener(MouseEvent.CLICK, fl_MouseClickHandler_2);

function fl_MouseClickHandler_2(event:MouseEvent):void
{
    fscommand("quit");
}
```

图 8-93 在第 2 帧加上"停止"命令

（5）选择"Actions"图层第 3 帧，由于帧的位置已经挪动，所以我们要修改下"gotoAndPlay"命令后面的帧数。原来是从 2 到 9 的数字，现在改成从 4 到 11 的数字，如图 8-94 所示。

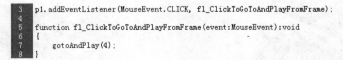

```
p1.addEventListener(MouseEvent.CLICK, fl_ClickToGoToAndPlayFromFrame);

function fl_ClickToGoToAndPlayFromFrame(event:MouseEvent):void
{
    gotoAndPlay(4);
}
```

图 8-94 对跳转命令进行修改

（6）选择"Actions"图层第 4 帧，修改"返回"按钮的命令，改成"gotoAndPlay(3);"，如图 8-95 所示。

（7）回到第 2 帧，选择"主菜单"上的"My Arts"按钮，在"属性"面板设置实例名称为"ma"，在"代码片断"中双击选择"单击以转到帧并播放"，打开"动作"面板，把

"fl_ClickToGoToAndPlayFromFrame" 改为 "ma_ClickToGoToAndPlayFromFrame"，这个名称在整个文件中都不能有重复。设置 "gotoAndPlay" 后面为 "(3)"，如图 8-96 所示。

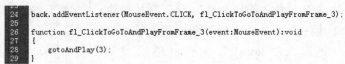

图 8-95　修改返回按钮命令

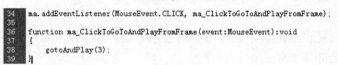

图 8-96　"My Arts" 按钮连接命令

（8）设置 "我的绘图" 圆球菜单的实例名称为 "wdht"，按照上面的方法设置命令，如图 8-97 所示。

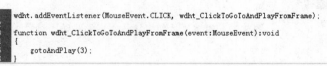

图 8-97　"我的绘图" 按钮连接命令

2. 制作 "我的动画" 页面

（1）在所有图层的第 12 帧设置空白关键帧，制作 "我的动画" 菜单页面。打开教材配套光盘 "素材与实例/项目 8/动画素材/我的简历" 中的素材文件 "场记板.fla"，复制 "场记板" 后返回 "我的简历.fla" 文件，粘贴在 "图片" 图层中。按 F8 键将其转换为按钮元件，双击进入按钮元件，在下面新建一 "图片" 层，导入教材配套光盘 "素材与实例/项目 8/动画素材/我的简历" 中的图片素材 "my december.jpg"，再新建一 "背景" 图层，把第一层左上角的 "电影胶片" 剪切粘贴到最下面一层。最后我们还可以在 "背景" 层输入影片的名字以及简介，如图 8-98 所示。

（2）在按钮里面的第 2 帧设置关键帧。选中 "场记板"，用 Ctrl+Alt+S 键放大 110%，略微向上移动。选中 "阴影" 缩小 90%，略微向下移动。选中文字，改成蓝色，如图 8-99 所示。

图 8-98　场记板效果

图 8-99　场记板鼠标滑过效果

（3）复制第 1 帧到第 3 帧，把文字改成橙色，把"场记板"合拢，如图 8-100 所示。新建"音效"图层，在第 3 帧导入教材配套光盘"素材与实例/项目 8/动画素材/我的简历"中的素材音效"拍板.wav"。

（4）回到主场景，按 Ctrl+Alt 键拖移复制"场记板"按钮，在"属性"中直接复制元件，取名为"场记板 2"，并删除图片，重新导入教材配套光盘"素材与实例/项目 8/动画素材/我的简历"中的素材图片"小 Q 生日快乐.jpg"，修改名称，最终效果如图 8-101 所示。

图 8-100　场记板鼠标按下效果　　　　　　　　图 8-101　"场记板 2"按钮

（5）在外部把素材文件中的两个"flv"视频文件复制到"我的简历.fla"相同的文件夹内。返回"我的简历.fla"，在第 13 帧和 14 帧设定空白关键帧。选择"文件"→"导入"→"导入视频"命令，在"导入视频"对话框中选择"my december.flv"，单击下一步，并选择一个预置的播放器。导入视频后打开"属性"面板，我们可以把"组件参数"中的"autoPlay"后面的勾选去掉，另外在"skin"里还可以重新设定播放器，只要视频文件和 Flash 源文件放在同一个文件夹内，"source"后就只会显示视频名称及格式，如图 8-102 所示。

（6）调整视频在画面上的大小，并在"背景"图层绘制灰色背景，或者直接复制前面第 4 到第 11 帧的背景。复制第 4 到第 11 帧右上角的"返回"按钮到第 13 帧和第 14 帧的"按钮 1"图层，最终效果如图 8-103 所示。

图 8-102　视频属性设置　　　　　　　　　　　图 8-103　视频播放页面效果

（7）回到第 12 帧，选中"场记板"按钮，设定实例名称为"md_btn"。选中"场记板 2"，设定实例名称为"q_btn"。选择"场记板"按钮，打开"代码片段"，选择"在此帧处停止"，插入后再选择"单击以转到帧并播放"。打开"动作"面板，修改"fl_ClickToGoToAndPlay

FromFrame_4"为"md_btn_ClickToGoToAndPlayFromFrame"。"gotoAndPlay"后面改为"(13)"。用同样的方法设置"场记板 2"按钮，让它转到第 14 帧。最终命令代码如图 8-104 所示。

```
stop();
md_btn.addEventListener(MouseEvent.CLICK, md_btn_ClickToGoToAndPlayFromFrame)
function md_btn_ClickToGoToAndPlayFromFrame(event:MouseEvent):void
{
    gotoAndPlay(13);
}
q_btn.addEventListener(MouseEvent.CLICK, q_btn_ClickToGoToAndPlayFromFrame);
function q_btn_ClickToGoToAndPlayFromFrame(event:MouseEvent):void
{
    gotoAndPlay(14);
}
```

图 8-104　视频跳转命令代码

（8）选择第 13 帧，打开"动作"面板，先输入"stop();"命令。然后复制第 4 帧上关于"back"按钮的那一段命令代码，将其粘贴到第 13 帧，修改函数名称和跳转的帧数，如图 8-105 所示。复制第 1-2 两行的命令到第 14 帧的命令上。

```
stop();
back.addEventListener(MouseEvent.CLICK, back_ClickToGoToAndPlayFromFrame);
function back_ClickToGoToAndPlayFromFrame(event:MouseEvent):void
{
    gotoAndPlay(12);
}
```

图 8-105　视频播放页返回按钮命令设定

3．制作"关于我"页面

（1）在第 15 帧新建空白关键帧，打开教材配套光盘"素材与实例/项目 8/动画素材/我的简历"中的素材文件"文本框.fla"，全选后复制并返回"我的简历.fla"文件，粘贴在第 15 帧的"背景"图层中，调整大小，如图 8-106 所示。选中左下角的按钮，按 Ctrl+X 键剪切，然后按 Ctrl+Shift+V 键原位粘贴在"按钮 1"图层。

（2）在"图片"图层输入简历内容，或者也可以复制外部的文本文档。调整文本框的宽度，文字的大小、字体等。按 F8 键把文字转换为影片剪辑元件，取名"简历文字"。双击进入"简历文字"元件。使用快捷键剪切第 1 帧超出文本框范围的文字，粘贴到第 2 帧上，如图 8-107 所示。根据文字的长度来确定元件内部的帧数，此处放了 3 帧。

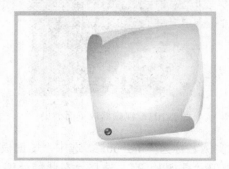

图 8-106　简历文本框位置

图 8-107　文字排列

（3）打开教材配套光盘"素材与实例/项目 8/动画素材/我的简历"中的素材文件"简历标题"，将其复制粘贴到"我的简历.fla"文件的"图片"图层中，调整文字大小和排列方式。导入自己的照片或者自画像放在简历右上角，如图 8-108 所示。

（4）选择"按钮 1"图层中的按钮，按 F8 键转换为按钮元件，双击进入元件后新建一层，输入数字"1"，然后在后面两帧分别改变数字的颜色。复制按钮元件，在"属性"面板中"交换"直接复制按钮。然后双击进入按钮中修改数字为"2"。使用同样的方法设置第 3 个按钮，如图 8-109 所示。

图 8-108 简历标题和照片的摆放

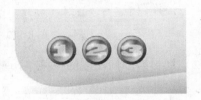

图 8-109 按钮设置

（5）选中"简历文字"元件，设置实例名称为"jlwz"，双击进入元件，新建命令层，在三个帧上都输入"Stop（）;"命令，如图 8-110 所示。返回主场景，选中左下角的按钮，选择第一个按钮设置实例名称为"jl_btn1"，第二个设为"jl_btn2"，第三个设为"jl_btn3"。首先在第 15 帧的"Actions"图层插入"Stop（）;"命令。然后选中"jl_btn1"

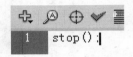

图 8-110 "stop"命令

在"代码片断"中双击选择"单击以跳到帧并停止"，按 F9 键打开"动作"面板，把"fl_ClickToGoToAndStopAtFrame_2"改为"jl_btn1show"。在"gotoAndStop"前加上"jlwz."，后面"()"内设为数字"1"。表示播放指定元件内部的第 1 帧，并停止。其他两个按钮用同样的方式设定，最终命令代码如图 8-111 所示。

```
stop();

jl_btn1.addEventListener(MouseEvent.CLICK, jl_btn1show);

function jl_btn1show(event:MouseEvent):void
{
    jlwz.gotoAndStop(1);
}

jl_btn2.addEventListener(MouseEvent.CLICK, jl_btn2show);

function jl_btn2show(event:MouseEvent):void
{
    jlwz.gotoAndStop(2);
}

jl_btn3.addEventListener(MouseEvent.CLICK, jl_btn3show);

function jl_btn3show(event:MouseEvent):void
{
    jlwz.gotoAndStop(3);
}
```

图 8-111 页码跳转命令

4. 连接并调整所有页面

（1）回到"我的简历.fla"第 2 帧。选择"主菜单"上的"about me"菜单，设置实例名称为"ab"，在"代码片断"中双击"单击以跳到帧并播放"，修改函数名称及跳转的帧数，如图 8-112 所示。选中圆球菜单"关于我"，设定实例名称为"gyw"，用同样的方式进行设定。

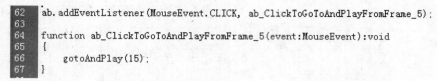

```
62    ab.addEventListener(MouseEvent.CLICK, ab_ClickToGoToAndPlayFromFrame_5);
63
64    function ab_ClickToGoToAndPlayFromFrame_5(event:MouseEvent):void
65    {
66        gotoAndPlay(15);
67    }
```

图 8-112　"about me"菜单跳转命令

（2）复制第 2 帧左侧的主菜单，粘贴到第 3 帧上，重新排列一下原来的相框。删除红色的箭头，打开教材配套光盘"素材与实例/项目 8/动画素材/我的简历"中的素材文件"返回按钮.fla"，复制其中的按钮到"我的简历.fla"中的第 3 帧的"主菜单"上，如图 8-113 所示。

图 8-113　第 3 帧重新排列

（3）按 F8 键把"返回按钮"转换为按钮元件。双击进入按钮元件，分别在第 2 和第 3 帧上设定关键帧。设置第 2 帧放大 110%，第 3 帧缩小 90%。返回主场景，设置实例名称为"back_home"。选择"代码片断"中的"单击以跳转帧并播放"，修改函数名称和帧数，如图 8-114 所示。复制第 2 帧上关于"主菜单"栏上按钮的命令到第 3 帧，注意可以省略"function"及它后面的内容，如图 8-115 所示。

```
65    back_home.addEventListener(MouseEvent.CLICK, back_homebtn);
66
67    function back_homebtn(event:MouseEvent):void
68    {
69        gotoAndPlay(2);
70    }
```

图 8-114　返回主页面命令

```
cm.addEventListener(MouseEvent.CLICK, fl_ClickToGoToWebPage);

ma.addEventListener(MouseEvent.CLICK, ma_ClickToGoToAndPlayFromFrame);

animo.addEventListener(MouseEvent.CLICK, animo_ClickToGoToAndPlayFromFrame);

ab.addEventListener(MouseEvent.CLICK, ab_ClickToGoToAndPlayFromFrame_5);
```

图 8-115　复制主菜单中按钮命令

（4）复制"主菜单"元件到第 12 帧上，重新排列图标。复制关于"返回主页"按钮以及"主菜单"上所有其他按钮的命令到第 12 帧的"Actions"层上，如图 8-116 所示。最后再把"主菜单"元件复制到第 15 帧，同样粘贴所有相关的菜单栏命令。

```
back_home.addEventListener(MouseEvent.CLICK, back_homebtn);

cm.addEventListener(MouseEvent.CLICK, fl_ClickToGoToWebPage);

ma.addEventListener(MouseEvent.CLICK, ma_ClickToGoToAndPlayFromFrame);

animo.addEventListener(MouseEvent.CLICK, animo_ClickToGoToAndPlayFromFrame);

ab.addEventListener(MouseEvent.CLICK, ab_ClickToGoToAndPlayFromFrame_5);
```

图 8-116　复制主菜单栏上所有按钮命令

（5）按 Ctrl+Enter 键调试影片，把各个按钮和功能都试过一遍后我们发现当播放视频时，不停止视频直接退出视频的声音仍然会存在。因此我们需要在第 13 帧的"返回"按钮命令里加上一个"SoundMixer.stopAll();"命令，如图 8-117 所示。

```
stop();

back.addEventListener(MouseEvent.CLICK, back_ClickToGoToAndStopFromFrame);

function back_ClickToGoToAndStopFromFrame(event:MouseEvent):void
{
    gotoAndStop(12);
    SoundMixer.stopAll();

}
```

图 8-117　修改视频返回按钮命令

（6）最后发布 swf 格式文档。我们可以发现如果在发布设置里选择"只访问网络"则本地的视频无法被载入，要解决这个问题我们只需要把.swf 生成为.exe 文件。打开发布的.swf 文件，在"文件"菜单中单击创建播放器，在.fla 文件所在的文件夹创建一个.exe 文件，如图 8-118 所示。这样就可以解决两者无法兼顾的问题了。

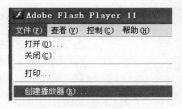

图 8-118　创建播放器

 项目总结

　　本项目主要通过"简历片头动画"来复习动画的制作，通过"简历主页面"动画的制作来熟悉按钮动画以及按钮声音的导入，而"我的绘图"动画主要介绍图片的导入以及图片的控制与切换，"我的简历"动画的制作主要熟悉视频的导入、文本的切换以及整体项目的连接。这些动画的制作都是对之前所学知识的复习，然后再深入地学习 Action Script3.0。掌握常用的跳转命令，最后还介绍了如何来创建播放器。

习　　题

1. 选择题

（1）做人物原地走路的动画时，必须用参考线标出（　　）。

　　A．人物脚底地平线位置　　　　　　　　B．人物头顶高度

　　C．人物中心线　　　　　　　　　　　　D．以上都对

（2）做逐帧动画时，可以单击（　　）半透明的观察前后帧。

　　A．绘图纸外观按钮　　　　　　　　　　B．绘图纸外观轮廓按钮

　　C．编辑多个帧按钮　　　　　　　　　　D．修改绘图纸标记按钮

（3）做人物走路动画时想精确的设定走路的声音，则同步要设为（　　）。

　　A．事件　　　　　　B．停止　　　　　C．数据流　　　　　D．开始

（4）下列哪个不是 Flash 支持的视频导入格式（　　）。

　　A．flv　　　　　　B．avi　　　　　C．mov　　　　　D．rmvb

（5）下列命令表示（　　）。

```
my_btn.addEventListener(MouseEvent.CLICK, fl_ClickToGoToNextFrame):
function fl_ClickToGoToNextFrame(event:MouseEvent):void
{
    nextFrame():
}
```

　　A．单击以转到下一帧并停止　　　　　　B．单击以转到前一帧并停止

　　C．单击以转到指定帧并停止　　　　　　D．单击以转到下一场景并停止

2. 填空题

（1）需要同时设定元件的色调和 Alpha 值应该在"属性"面板＿＿＿＿＿＿中进行设置。

（2）用渐进式导入视频，原视频素材和.fla 文件应放在同一文件夹内，然后在"属性"面板＿＿＿＿＿＿＿＿＿中进行相对路径的设置。这样即使换电脑打开文件也能读取到视频。

（3）单击某个按钮，让页面跳转到"百度"网页，命令设置如下：（填写空白处内容）

```
button.addEventListener(MouseEvent.CLICK, fl_ClickToGoToWebPage);
function fl_ClickToGoToWebPage(event:MouseEvent):void
{navigateToURL(new URLRequest("_____"), "_blank");}
```

（4）停止该帧上所有声音的命令为＿＿＿＿＿＿＿＿＿＿＿＿＿。

3. 简答题

（1）如何设置一个向后翻页的按钮命令？

（2）单击按钮后跳转到某个网页，这个命令如何设置？

（3）制作一座房屋，在鼠标滑过时烟囱里开始冒烟。简述这段动画制作的步骤。

实训　制作学校的电子名片

一、实训目的

（1）复习 Flash 动画制作的方法。

（2）复习 Flash 按钮动画的制作方法。

（3）复习图片、音频、视频的导入。

（4）掌握 ActionScript 命令的设置。

二、实训内容

（1）制作一个简单的片头动画，出现学校的名称和大门整体照片。

（2）制作包含"关于我们"、"学校照片"、"学校视频"和"进入学校主页"四个菜单的主页面，名字可以另取，并在主界面中加入背景音乐。

（3）制作"关于我们"的子页面，在其中输入一些简单的介绍文字。

（4）制作"学校照片"的子页面，在其中放置一些具有代表性的校园图片，并用按钮进行连接。

（5）制作"学校视频"的子页面，在其中放入学校的宣传片，在此页面中停止背景音乐的播放。

（6）给"进入学校主页"按钮添加页面跳转命令，单击后实现转入学校网页。

（7）给主页面中的所有按钮设置跳转命令。

附录 A Flash CS6 快捷键

一、工具面板

工　具	快捷键	工　具	快捷键
选择工具	V	椭圆工具	O
部分选取工具	A	基本椭圆工具	O
任意变形工具	Q	铅笔工具	Y
填充变形工具	F	刷子工具	B
3D 旋转工具	W	喷涂刷工具	B
3D 平移工具	G	deco 工具	U
套索工具	L	骨骼工具	M
钢笔工具	P	绑定工具	M
添加锚点工具	=	颜料桶工具	K
删除锚点工具	-	墨水瓶工具	S
转换点工具	C	滴管工具	I
文本工具	T	橡皮擦工具	E
线条工具	N	手形工具	H
矩形工具	R	缩放工具	Z
基本矩形工具	R		

二、菜单命令

菜单命令	快　捷　键	菜单命令	快　捷　键
新建文件	Ctrl+N	退出	Ctrl+Q
打开文件	Ctrl+O	撤销	Ctrl+Z
在 Bridge 中浏览文件	Ctrl+Alt+O	重复	Ctrl+Y
关闭文件	Ctrl+W	剪切	Ctrl+X
全部关闭	Ctrl+Alt+W	复制	Ctrl+C
保存文件	Ctrl+S	粘贴到中心位置	Ctrl+V
另存为	Ctrl+Shift+S	粘贴到当前位置	Ctrl+Shift+V
导入到舞台	Ctrl+R	清除	Backspace，Delete
打开外部库	Ctrl+Shift+O	直接复制	Ctrl+D
导出影片	Ctrl+Alt+Shift+S	全选	Ctrl+A
发布预览（HTML）	F12，Ctrl+F12	取消全选	Ctrl+Shift+A
发布	Alt+Shift+F12	查找和替换	Ctrl+F
打印	Ctrl+P	查找下一个	F3

续表

菜单命令	快　捷　键	菜单命令	快　捷　键
删除帧	Shift+F5	新建元件	Ctrl+F8
剪切帧	Ctrl+Alt+X	插入帧	F5
复制帧	Ctrl+Alt+C	修改文档属性	Ctrl+J
粘贴帧	Ctrl+Alt+V	转换为元件	F8
清除帧	Alt+Backspace	分离对象	Ctrl+B
选择所有帧	Ctrl+Alt+A	高级平滑	Ctrl+Alt+Shift+M
编辑元件	Ctrl+E	高级伸直	Ctrl+Alt+Shift+N
首选参数	Ctrl+U	优化	Ctrl+Alt+Shift+C
转到第一个	Home	添加形状提示	Ctrl+Shift+H
转到前一个	Page Up	分散到图层	Ctrl+Shift+D
转到下一个	Page Down	转换为关键帧	F6
转到最后一个	End	清除关键帧	Shift+F6
放大	Ctrl+=	转换为空白关键帧	F7
缩小	Ctrl+-	缩放与旋转	Ctrl+Alt+S
100%显示	Ctrl+1	顺时针旋转 90 度	Ctrl+Shift+9
400%显示	Ctrl+4	逆时针旋转 90 度	Ctrl+Shift+7
800%显示	Ctrl+8	取消变形	Ctrl+Shift+Z
显示帧	Ctrl+2	移至顶层	Ctrl+Shift+↑
显示全部	Ctrl+3	上移一层	Ctrl+↑
按轮廓显示	Ctrl+Alt+Shift+O	下移一层	Ctrl+↓
高速显示	Ctrl+Alt+Shift+F	移至底层	Ctrl+Shift+↓
消除锯齿显示	Ctrl+Alt+Shift+A	锁定	Ctrl+Alt+L
消除文字锯齿显示	Ctrl+Alt+Shift+T	解除全部锁定	Ctrl+Alt+Shift+L
显示/隐藏粘贴板（工作区以外部分）	Ctrl+Shift+W	左对齐	Ctrl+Alt+1
显示/隐藏标尺	Ctrl+Alt+Shift+R	水平居中	Ctrl+Alt+2
显示/隐藏网格	Ctrl+'	右对齐	Ctrl+Alt+3
编辑网络	Ctrl+Alt+G	顶对齐	Ctrl+Alt+4
显示/隐藏辅助线	Ctrl+;	垂直居中	Ctrl+Alt+5
锁定辅助线	Ctrl+Alt+;	底对齐	Ctrl+Alt+6
编辑辅助线	Ctrl+Alt+Shift+G	按宽度均匀分布	Ctrl+Alt+7
贴紧至网格	Ctrl+Shift+'	按高度均匀分布	Ctrl+Alt+9
贴紧至辅助线	Ctrl+Shift+;	设为相同宽度	Ctrl+Alt+Shift+7
贴紧至对象	Ctrl+Shift+/	设为相同高度	Ctrl+Alt+Shift+9
编辑贴紧方式	Ctrl+/	与舞台对齐	Ctrl+Alt+8
显示/隐藏边缘	Ctrl+H	组合	Ctrl+G
显示/隐藏形状提示	Ctrl+Alt+H	取消组合	Ctrl+Shift+G

菜单命令	快捷键	菜单命令	快捷键
粗体	Ctrl+Shift+B	直接复制窗口	Ctrl+Alt+K
斜体	Ctrl+Shift+I	显示/隐藏时间轴面板	Ctrl+Alt+T
文本左对齐	Ctrl+Shift+L	显示/隐藏工具面板	Ctrl+F2
文本居中对齐	Ctrl+Shift+C	显示/隐藏属性面板	Ctrl+F3
文本右对齐	Ctrl+Shift+R	显示/隐藏库面板	Ctrl+L，F11
文本两端对齐	Ctrl+Shift+J	显示/隐藏项目面板	Shift+F8
增加文本间距	Ctrl+Alt+→	显示/隐藏动作面板	F9
减小文本间距	Ctrl+Alt+←	显示/隐藏行为面板	Shift+F3
重置文本间距	Ctrl+Alt+↑	显示/隐藏编译器错误面板	Alt+F2
TLF 定位标尺	Ctrl+Shift+T	显示/隐藏 ActionScript 2.0 调试器面板	Shift+F4
播放/停止播放动画	Enter	显示/隐藏影片浏览器	Alt+F3
后退	Shift+,，Ctrl+Alt+R	显示/隐藏输出面板	F2
转到结尾	Shift+.	显示/隐藏对齐面板	Ctrl+K
前进一帧	.	显示/隐藏颜色面板	Alt+Shift+F9
后退一帧	,	显示/隐藏信息面板	Ctrl+I
测试影片	Ctrl+Enter	显示/隐藏样本面板	Ctrl+F9
测试场景	Ctrl+Alt+Enter	显示/隐藏变形面板	Ctrl+T
启用简单帧动作	Ctrl+Alt+F	显示/隐藏组件面板	Ctrl+F7
启用简单按钮	Ctrl+Alt+B	显示/隐藏组件检查器面板	Shift+F7
静音	Ctrl+Alt+M	显示/隐藏辅助功能面板	Alt+Shift+F11
调试影片	Ctrl+Shift+Enter	显示/隐藏历史记录面板	Ctrl+F10
调试继续	Alt+F5	显示/隐藏场景面板	Shift+F2
结束调试会话	Alt+F12	显示/隐藏字符串面板	Ctrl+F11
跳入	Alt+F6	显示/隐藏 Web 服务面板	Ctrl+Shift+F10
跳过	Alt+F7	显示/隐藏面板	F4
跳出	Alt+F8	Flash 帮助	F1
删除所有断点	Ctrl+Shift+B		

参 考 文 献

［1］ ACAA 专家委员会，DDC 传媒．ADOBE FLASH PROFESSIONAL CS6 标准培训教材［M］．北京：人民邮电出版社，2013．

［2］ 刘万辉，王桂霞，黄敏．Flash C5 动画制作案例教程［M］．北京：机械工业出版社，2012．

［3］ 郑芹．Flash C4 动画设计项目教程［M］．北京：机械工业出版社，2012．

［4］ 臧丽娜，孙志义，姜鹏．Flash 动画设计案例教程［M］．北京：航空工业出版社，2009．

［5］ 胡仁喜，李娟，傅晓文．Flash CS6 中文版标准实例教程［M］．北京：机械工业出版社，2013．

［6］ 新视角文化行．Flash CS6 动画制作实战从入门到精通［M］．北京：人民邮电出版社，2013．

［7］ 吴志华．Flash CS4 动画设计与制作 204 例［M］．北京：人民邮电出版社，2009．

［8］ 刘万辉．Flash CS5 动画制作安全教程［M］．北京：机械工业出版社，2012．

［9］ 薛玮玮．Flash 动画设计与制作项目教程［M］．北京：机械工业出版社，2011．

［10］ 于斌，胡成伟．动漫设计与图像处理［M］．北京：机械工业出版社，2011．

［11］ 贾勇．完全掌握——Flash CS6 白金手册［M］．北京：清华大学出版社，2013．

［12］ 孙颖．Flash ActionScript 3 殿堂之路［M］．北京：电子工业出版社，2007．

［13］ 刘欢．Flash ActionScript 3.0 全站互动设计［M］．北京：人民邮电出版社，2012．

［14］ 胡娜．Flash CS5 动画设计经典 200 例［M］．北京：科学出版社，2011．

［15］ 吴一珉．Flash CS6 动画制作与特效设计 200 例［M］．北京：中国青年出版社，2013．